Medos, dúvidas e manias

M492　Medos, dúvidas e manias : orientações para pessoas com transtorno obsessivo-compulsivo e seus familiares / Organizadores, Albina Rodrigues Torres... [et al.] – 3. ed. – Porto Alegre : Artmed, 2025.
xiii, 169 p. ; 23 cm.

ISBN 978-65-5882-278-3

1. Psicoterapia. 2. Transtorno obsessivo-compulsivo. I. Torres, Albina Rodrigues.

CDU 616.89-008.441

Catalogação na publicação: Karin Lorien Menoncin – CRB 10/2147

Albina Rodrigues **Torres**
Daniel Lucas da Conceição **Costa**
Marcelo Q. **Hoexter**
Eurípedes Constantino **Miguel**
Roseli Gedanke **Shavitt**
(orgs.)

Medos, dúvidas e manias

*orientações para pessoas com **transtorno obsessivo-compulsivo** e seus familiares*

3ª edição

artmed

Porto Alegre
2025

© GA Educação Ltda., 2025.

Gerente editorial
Alberto Schwanke

Coordenadora editorial
Cláudia Bittencourt

Editora
Mirian Raquel Fachinetto

Preparação de originais
Mirela Favaretto

Leitura final
Marquieli Oliveira

Capa
Paola Manica | Brand&Book

Projeto gráfico e editoração
Tipos – Design editorial e fotografia

Reservados todos os direitos de publicação ao GA EDUCAÇÃO LTDA.
(Artmed é um selo editorial do GA EDUCAÇÃO LTDA.)
Rua Ernesto Alves, 150 – Bairro Floresta
90220-190 – Porto Alegre – RS
Fone: (51) 3027-7000

SAC 0800 703 3444 – www.grupoa.com.br

É proibida a duplicação ou reprodução deste volume, no todo ou em parte, sob quaisquer formas ou por quaisquer meios (eletrônico, mecânico, gravação, fotocópia, distribuição na Web e outros), sem permissão expressa da Editora.

IMPRESSO NO BRASIL
PRINTED IN BRAZIL

Autores

Albina Rodrigues Torres (Org.). Psiquiatra. Professora Doutora de Psiquiatria da Faculdade de Medicina de Botucatu (FMB) da Universidade Estadual Paulista (Unesp). Mestra e Doutora em Psiquiatria pela Escola Paulista de Medicina (EPM) da Universidade Federal de São Paulo (Unifesp). Doutora em Epidemiologia Psiquiátrica pelo Institute of Psychiatry, King's College London, University of London, Reino Unido.

Daniel Lucas da Conceição Costa (Org.). Psiquiatra. Médico assistente do Instituto de Psiquiatria (IPq) do Hospital das Clínicas da Faculdade de Medicina da Universidade de São Paulo (HCFMUSP). Doutor em Ciências pela FMUSP. Pesquisador do Programa Transtorno do Espectro Obsessivo-compulsivo (Protoc) do IPq-HCFMUSP e do Consórcio Brasileiro de Pesquisa sobre o Transtorno Obsessivo-compulsivo.

Marcelo Q. Hoexter (Org.). Psiquiatra. Professor colaborador do Departamento de Psiquiatria da FMUSP. Coordenador do Protoc-IPq-HCFMUSP.

Eurípedes Constantino Miguel (Org.). Psiquiatra. Professor titular de Psiquiatria e chefe do Departamento de Psiquiatria da FMUSP. Professor adjunto da Yale University, Estados Unidos. Mestre e Doutor em Psiquiatria pela USP.

Roseli Gedanke Shavitt (Org.). Psiquiatra. Coordenadora do Protoc-IPq--HCFMUSP. Mestra e Doutora em Psiquiatria pela USP. Pós-doutorado no Departamento de Psiquiatria da FMUSP.

Acácio Moreira-Neto. Profissional de educação física. Doutor em Ciências pelo InRad do HCFMUSP. Pós-doutorando no IPq-HCFMUSP. Pesquisador associado do Protoc e do Exercise Neuroscience Research Group (Neurex) da USP.

Afonso Fumo. Psiquiatra. Mestre em Ciência pela The University of Liverpool, Reino Unido. Doutor em Ciências pelo IPq e Departamento de Psiquiatria da FMUSP.

Amanda Kato Utiyama. Estudante da Faculdade de Arquitetura e Urbanismo da Universidade de São Paulo (FAUUSP). Integrante das reuniões científicas do Protoc-IPq-HCFMUSP.

Andre R. Brunoni. Psiquiatra. Professor associado da FMUSP. Chefe do Serviço Interdisciplinar de Neuromodulação e codiretor do Serviço de ECT do IPq-HCFMUSP. Doutor em Neurociências e Comportamento pela USP.

Antonio Carlos Lopes. Psiquiatra. Professor colaborador do Departamento de Psiquiatria da FMUSP. Mestre em Psiquiatria e Psicologia Médica pela Unifesp. Doutor em Psiquiatria pelo Departamento de Psiquiatria da FMUSP.

Camila Muylaert. Psicóloga clínica e pesquisadora do Protoc-IPq-HCFMUSP. Especialista em Saúde Mental pela EPM-Unifesp. Mestra em Ciências pela Faculdade de Saúde Pública (FSP) da USP. Doutora em Ciências pela FSP-USP.

Carolina Cappi. Pesquisadora e instrutora do Departamento de Psiquiatria do Mount Sinai Hospital, Icahn School of Medicine, Nova Iorque, Estados Unidos. Especialista em Genômica em Psiquiatria pelo IPq-HCFMUSP. Mestra em Zoologia pela Unesp. Doutora em Ciências pela FMUSP. Pos-doutorado no Mount Sinai Hospital, Icahn School of Medicine.

Caroline Uchoa Argento. Psiquiatra.

Cristiane Carnavale. Psicóloga clínica e supervisora em psicologia. Psicóloga voluntária do Protoc-IPq-HCFMUSP. Especialista em Terapia Cognitivo-comportamental pelo HCFMUSP.

Daniela Tusi Braga. Psicóloga. Especialista em Terapia Racional Emotiva Comportamental (TREC) pelo The Albert Ellis Institute, Estados Unidos. Mestra e Doutora em Ciências Médicas: Psiquiatria pela Universidade Federal do Rio Grande do Sul (UFRGS). Sócia-fundadora do INTCognitivas e do Aplicativo Thrive: Saúde Mental Digital.

Igor Studart. Psiquiatra. Preceptor da Residência Médica do HCFMUSP.

Isabelle Cacau de Alencar. Psicóloga. Psicoterapeuta e supervisora clínica comportamental. Especialista em Neuropsicologia pelo HCFMUSP. Mestra em Psicologia Experimental: Análise do Comportamento pela Pontifícia Universidade Católica de São Paulo (PUC-SP). Pesquisadora voluntária do Protoc.

Israel Aristides de Carvalho Filho. Psiquiatra.

Ivanil Morais. Psicólogo voluntário do Protoc-IPq-HCFMUSP. Especialista em Psicologia Comportamental pela Universidade Braz Cubas (UBC).

João Felício Abrahão Neto. Psiquiatra clínico e membro do Protoc-IPq-HCFMUSP. Preceptor da Residência de Psiquiatria do Centro de Atenção Integrada à Saúde

Mental (CAISM) de Franco da Rocha. Mestre em Ciências Médicas pela Universidade Federal do Pará (UFPA).

José Alberto Del Porto. Psiquiatra. Professor titular de Psiquiatria da EPM-Unifesp. Mestre e Doutor em Psicofarmacologia pela EPM-Unifesp. Pós-doutorado na University of Illinois Chicago, Estados Unidos.

Juliana Belo Diniz. Psiquiatra. Doutora em Psiquiatria pela FMUSP.

Kátia Guimarães Benigno. Biomédica. Assistente de pesquisa do Protoc-IPq-HCFMUSP.

Katia R. Oddone Del Porto. Psiquiatra. Especialista em Terapia Cognitivo-comportamental pela USP. Mestra em Psiquiatria pela EPM-Unifesp.

Leonardo F. Fontenelle. Psiquiatra. Professor adjunto do Instituto de Psiquiatria da Universidade Federal do Rio de Janeiro (UFRJ).

Luis C. Farhat. Psiquiatra. Doutor em Psiquiatria pela FMUSP/Yale University.

Marcelo Melissopoulos. Terapeuta cognitivo-comportamental.

Marco Antonio Nocito Echevarria. Psiquiatra. Doutorando em Psiquiatria na FMUSP.

Maria Alice de Mathis. Psicóloga colaboradora do Protoc-IPq-HCFMUSP. Especialista em Transtorno Obsessivo-compulsivo e em Tiques pela FMUSP. Doutora em Ciências pelo Protoc-IPq-HCFMUSP.

Maria Conceição do Rosário. Médica. Professora associada do Departamento de Psiquiatria da Unifesp. Coordenadora do Programa de Atenção à Primeira Infância (PAPI) e da Unidade de Psiquiatria da Infância e Adolescência (UPIA) do Departamento de Psiquiatria da Unifesp. Mestra e Doutora em Ciências pela USP. Pós-doutorado no Yale Child Study Center, Yale University, Estados Unidos.

Maria Luisa Guedes. Psicóloga clínica analista do comportamento. Professora assistente Mestre da Faculdade de Ciências Humanas e da Saúde da PUC-SP. Mestra em Ciências pelo Departamento de Psiquiatria da EPM-Unifesp.

Mariana de Souza Domingues Castro. Psiquiatra. Professora de Psiquiatria e líder da disciplina de Saúde Mental da Universidade Nove de Julho, *campus* Bauru. Especialista em Dependência Química pela EPM-Unifesp. Mestra em Saúde Pública pela FMB-Unesp.

Monicke O. Lima. Psicóloga. Pesquisadora do IPq-HCFMUSP.

Natalie Vieira Zanini. Psiquiatra.

Pedro Macul F. de Barros. Psiquiatra. Doutorando no IPq-HCFMUSP.

Priscila de Jesus Chacon. Psicóloga. Psicoterapeuta e pesquisadora do Protoc-IPq-HCFMUSP. Mestra e Doutora em Ciências pelo IPq e Departamento de Psiquiatria da FMUSP.

Renata de Melo Felipe da Silva. Psiquiatra. Doutora em Ciências pelo IPq--HCFMUSP.

Rose Duarte. Psicóloga clínica. Especialista em Terapia Cognitivo-comportamental e Análise do Comportamento pela Universidade São Judas Tadeu (USJT).

Vanessa Ramos. Psicóloga. Coordenadora do projeto de pesquisa Variações raras e de novo no genoma de pacientes com transtorno obsessivo-compulsivo do IPq--HCFMUSP.

Ygor Arzeno Ferrão. Psiquiatra. Professor associado de Psiquiatria da Universidade Federal de Ciências da Saúde de Porto Alegre (UFCSPA). Especialista em Transtorno Obsessivo-compulsivo pela USP. Mestre em Clínica Médica: Psiquiatria pela UFRGS. Doutor em Psiquiatria pela USP.

Apresentação

Há cerca de 30 anos, Eurípedes Constantino Miguel, teve contato, nas Universidades de Harvard e Yale, com os eminentes pesquisadores David Pauls e James Leckman, que se dedicavam ao estudo e à busca de tratamento para o transtorno obsessivo-compulsivo (TOC) e a síndrome de Tourette (doença dos tiques). Essa parceria resultou na formação de um grupo de cientistas de diversos centros do Brasil que colaboram nessa busca e no aprimoramento do tratamento para essas doenças. Hoje, esse grupo e seus orientandos têm reconhecimento internacional, e parte importante dele está reunida neste livro sob a organização de Albina Rodrigues Torres, professora da Faculdade de Medicina de Botucatu da Universidade Estadual Paulista (Unesp); Daniel Lucas da Conceição Costa, que iniciou suas atividades de pesquisa com ela e hoje conduz pesquisas de ponta na área de neuromodulação no Instituto de Psiquiatria do Hospital das Clínicas da Faculdade de Medicina da Universidade de São Paulo (IPq-HCFMUSP); Marcelo Q. Hoexter, que fez sua formação na Universidade Federal de São Paulo (Unifesp) e hoje é professor da Pós-graduação da FMUSP; Eurípedes Constantino Miguel, professor titular de Psiquiatria e chefe do Departamento de Psiquiatria da FMUSP; e Roseli Gedanke Shavitt, coordenadora da assistência e da área de pesquisa do HCFMUSP.

Em linguagem acessível, organizadores e coautores apresentam o que se sabe sobre o TOC, suas causas e, principalmente, como pode ser tratado, uma vez que essas informações são fundamentais para que pacientes e seus familiares conheçam o problema e as alternativas terapêuticas. Professores do ensino fundamental e médio entenderão melhor as dificuldades que seus alunos sentem. Profissionais da área da saúde que participam de equipes multiprofissionais também se beneficiarão desta obra, dado que o tratamento é multidisciplinar e individualizado, e as pessoas precisam de psicólogos, enfermeiros, terapeutas ocupacionais, assistentes sociais, fonoaudiólogos e fisioterapeutas.

Completo, este livro permite uma atualização rápida, bem como pode orientar o aprofundamento de temas de interesse do leitor, ajudando-o a reconhecer as obsessões (medos, dúvidas sem fim, pensamentos e impulsos indesejados) e as compulsões (rituais e pensamentos que tentam neutralizar as obsessões e tomam muito tempo do indivíduo com TOC); descrevendo as características clínicas, como o transtorno se manifesta e outras doenças que podem caminhar junto com ele; mostrando o que já se sabe sobre os fatores biológicos e ambientais que contribuem para o surgimento e a manutenção do TOC; apresentando os principais recursos para o tratamento e as novas terapêuticas biológicas e psicoterápicas que têm sido bem-sucedidas e que estão sendo incorporadas à rotina dos profissionais; trazendo orientações sobre estilo de vida e sobre autocuidado, ou seja, por meio de uma alimentação saudável, prática de atividade física e cuidados dedicados à alma e ao espírito. Nos últimos capítulos, pacientes relatam suas experiências e são disponibilizadas informações sobre onde procurar ajuda, o que permite que as pessoas se reconheçam e desenvolvam esperança de novamente terem uma vida plena e sem sofrimento. Enfim, este é um livro escrito por quem conhece e se dedica ao tratamento das pessoas que dele necessitam.

Francisco Lotufo Neto
Professor associado da Faculdade de Medicina e do
Instituto de Psicologia da Universidade de São Paulo.

Prefácio

Estamos muito felizes em apresentar aos leitores a 3ª edição de *Medos, dúvidas e manias*, obra voltada principalmente para pessoas com transtorno obsessivo-compulsivo (TOC) e seus familiares, cuja 1ª edição foi lançada em 2001 e a 2ª, em 2013. Desde que foi idealizado, este livro sempre teve como principal objetivo oferecer informações atualizadas e embasadas nas mais robustas evidências científicas, mas com linguagem acessível, abordando um problema de saúde mental bastante intrigante, complexo, diverso e que pode gerar muito sofrimento aos envolvidos.

Os campos da psiquiatria e da psicologia estão em constante evolução e o conhecimento científico tem avançado de forma cada vez mais rápida, levando a um grande desenvolvimento da área de saúde mental nos últimos 11 anos, o que inclui pesquisas sobre os diversos fatores envolvidos no desencadeamento do TOC, melhor compreensão de suas múltiplas manifestações clínicas, tratamentos biológico e psicológico para casos mais complexos, assim como abordagens complementares de grande valor no enfrentamento do problema, o qual, muitas vezes, envolve também a família do indivíduo com TOC.

Assim, nos dois primeiros capítulos procuramos descrever e exemplificar os dois principais componentes clínicos do TOC: as obsessões e as compulsões, suas possíveis formas de manifestação e os conteúdos temáticos mais comuns. No terceiro capítulo abordamos as principais características clínicas do quadro, como dimensões sintomatológicas, início e evolução dos sintomas e as relações entre eles, além do possível impacto na vida das pessoas com o transtorno e de seus familiares. O quarto capítulo é dedicado a descrever outros transtornos mentais que frequentemente se associam ao TOC, denominados comorbidades psiquiátricas, e que podem impactar sua evolução clínica, além de alguns transtornos que são considerados relacionados ao TOC pelo fato de apresentarem sintomas semelhantes, com implicações a serem consideradas no diagnóstico diferencial. O quinto capítulo aborda os diversos fatores biológicos e ambientais que vêm sendo associados ao surgimento do TOC. No sexto, são discutidas as características clínicas particulares do TOC quando acomete crianças e adolescentes. O sétimo capítulo descreve os principais medicamentos recomendados no tratamento clínico do TOC, incluindo suas principais características, indicações e contraindicações, efeitos adversos e associações medicamentosas, quando necessárias. O oitavo capítulo visa explicar os princípios gerais das terapias comportamental e cognitivo--comportamental, atualmente consideradas as formas de psicoterapia de referência para o tratamento do TOC. Já as variações mais recentes dessas psicoterapias, como a terapia comportamental intensiva e a terapia cognitivo-comportamental *on-line*, e as novas formas de psicoterapia disponíveis para o tratamento psicológico do TOC são descritas no Capítulo 9. O Capítulo 10 traz um aspecto novo e muito importante do tratamento, que são as mudanças de estilo de vida que podem contribuir para uma evolução clínica favorável, incluindo alimentação saudável, sono adequado, atividade física regular e práticas meditativas, entre outras. No Capítulo 11, são descritos alguns procedimentos de neuromodulação que podem ser utilizados em casos mais desafiadores, de maior gravidade e que acometem pessoas que não respondem aos tratamentos convencionais. No Capítulo 12 são apresentados alguns depoimentos de pessoas com TOC e de seus familiares para que o leitor tenha contato mais direto com a experiência de quem apresenta tais sintomas e como eles os enfrentam. Por fim, no Capítulo 13 são discutidos alguns fatores que costumam favorecer ou dificultar a busca por ajuda profissional, além de uma série de indicações de serviços especializados no tratamento do TOC, leituras recomendadas e *sites* com conteúdos interessantes, onde os leitores poderão acessar outras informações de qualidade, bem como recursos adicionais bastante úteis.

Vale ressaltar que, neste ano, o Programa Transtornos do Espectro Obsessivo--compulsivo (Protoc) do Instituto de Psiquiatria do Hospital das Clínicas da Faculdade de Medicina da Universidade de São Paulo (IPq-HCFMUSP) completa 30 anos de atividades contínuas, tendo contribuído de forma significativa para a construção do conhecimento científico nessa área, incluindo a liderança do Consórcio Brasileiro de Pesquisa em Transtornos do Espectro Obsessivo-compulsivo (C-TOC), uma iniciativa que reuniu oito centros acadêmicos especializados no TOC com o objetivo de avaliar mais de 1.000 pessoas com TOC e que resultou na publicação de mais de 110 artigos em importantes revistas científicas internacionais.

Nesta edição, além de novos colaboradores, temos a satisfação de contar com mais dois jovens organizadores – Daniel Lucas da Conceição Costa e Marcelo Q. Hoexter – que são psiquiatras, pesquisadores e atuam na liderança do Protoc juntamente com os demais organizadores.

Esperamos que a longevidade desta obra seja reflexo de sua utilidade como material de psicoeducação para pessoas com TOC, seus familiares, amigos e público com interesse na área, além de profissionais da saúde mental. Assim, desejamos sinceramente que todos aqueles que, de alguma forma, lidam com o TOC se sintam mais bem informados, empoderados e esperançosos ao final da leitura. Afinal, por maiores que sejam os desafios envolvidos neste problema de saúde mental, há cada vez mais conhecimentos e recursos terapêuticos disponíveis para enfrentá-lo. Assim, este livro representa também o nosso compromisso, como especialistas na área, de estar juntos, lado a lado, daqueles que de alguma forma são impactados por este transtorno ao longo da sua trajetória de vida, trazendo esperança, confiança e repertórios terapêuticos para tornar mais suave e enriquecedora essa jornada.

Albina Rodrigues Torres
Daniel Lucas da Conceição Costa
Marcelo Q. Hoexter
Eurípedes Constantino Miguel
Roseli Gedanke Shavitt
Organizadores

Sumário

	Apresentação	ix
	Prefácio	xi
1	Medos exagerados, dúvidas sem fim, pensamentos e impulsos indesejados (obsessões)	1
2	"Manias" (compulsões ou rituais compulsivos)	13
3	Características clínicas do TOC	26
4	Transtornos associados e relacionados ao TOC	41
5	Fatores biológicos e ambientais associados ao TOC	66
6	TOC na infância e na adolescência	77
7	Tratamento medicamentoso do TOC	90
8	Tratamento comportamental do TOC	101
9	Novas formas de psicoterapia para o TOC: TCC intensiva, TCC *on-line* e terapias de terceira onda	112
10	TOC e estilo de vida	120
11	Neuromodulação para o TOC de difícil tratamento	131
12	Depoimentos de pessoas com TOC e familiares	140
13	Onde procurar ajuda profissional?	157

Capítulo **1**

Medos exagerados, dúvidas sem fim, pensamentos e impulsos indesejados (obsessões)

Albina Rodrigues **Torres**
Mariana de Souza Domingues **Castro**

"Neste mundo há mais medos de coisas más que coisas más propriamente ditas."
Mia Couto

"Eu sofri por muitas catástrofes na minha vida, a maioria delas nunca aconteceu."
Mark Twain

▌ O que são obsessões?

Obsessões são pensamentos, imagens mentais ou impulsos indesejados, intrusivos e repetitivos, reconhecidos como próprios pelo indivíduo e que causam algum tipo de desconforto, como ansiedade, medo, dúvida, nojo, vergonha ou culpa.

Com frequência, nos surpreendemos com alguma ideia estranha ou boba que temos e que pode até nos assustar ou envergonhar um pouco, mas que, em geral, logo esquecemos sem maiores problemas. Ninguém pensa em coisas chatas, desagradáveis ou ameaçadoras voluntariamente; elas surgem na nossa mente sem pedir licença.

Uma característica básica de quem tem transtorno obsessivo-compulsivo (TOC) é que esses pensamentos desagradáveis se tornam repetitivos e às vezes até assustadores. São ideias "entronas", que chegam sem convite a toda hora, gerando intenso sofrimento emocional. Um portador de TOC comparou esses pensamentos àquelas moscas em dias de chuva que, quanto mais se tenta espantar, mais voltam para atormentar; outro comparou-os a um ioiô, ou seja, quanto mais forte são empurrados para baixo, com mais força os pensamentos desagradáveis voltam para cima.

De fato, por ironia, alguns estudiosos acreditam que é exatamente o esforço voluntário para afastar essas ideias que acaba tornando-as repetitivas, por adquirirem maior importância. Pesquisadores fizeram a experiência simples de pedir para algumas pessoas voluntárias, sem nenhum problema psicológico, que tentassem por algum tempo não pensar de jeito nenhum na imagem de um urso branco polar. A simples tentativa de afastar essa imagem neutra, ou seja, nem sequer desagradável, tendeu a aumentar sua ocorrência. Se quiser, faça por alguns segundos essa experiência de fechar os olhos e tentar não pensar em alguma coisa neutra, como girafas ou a bandeira de algum país. Em geral, justamente aquilo que tentamos evitar insiste em aparecer na nossa mente, ou seja, o conteúdo a que resistimos tende a persistir.

Assim, se dermos menos "bola" para algumas ideias desagradáveis que nos ocorrem, se as valorizarmos pouco, elas incomodarão cada vez menos. O ideal é apenas deixar que elas passem pela nossa cabeça como observamos as nuvens passando no céu. O problema é que alguns pensamentos nos amedrontam ou assustam tanto a ponto de causarem sintomas físicos de ansiedade – como palpitações, falta de ar, tremor, sudorese, tontura, náusea ou diarreia; então, a nossa reação natural e compreensível é tentar nos livrar deles, gerando um círculo vicioso. Portanto, quanto menos importância dermos para esses pensamentos ameaçadores, quanto menos acreditarmos neles, menos poder eles terão sobre nós. Afinal, são só pensamentos criados pela nossa mente, não são a realidade! Na verdade, o cérebro humano é uma "fábrica de pensamentos", fazendo isso o tempo todo para tentar nos manter em segurança, antecipando possíveis acontecimentos futuros a partir de experiências prévias. Só que há um viés de negatividade, ou seja, para garantir nossa sobrevivência, ele tende a focar mais nos perigos e problemas do que nos acontecimentos positivos.

> Quanto menos importância dermos aos pensamentos ameaçadores, quanto menos acreditarmos neles, menos poder eles terão sobre nós. Afinal, são só pensamentos criados pela nossa mente, não são a realidade!

É importante ressaltar que nem todo pensamento repetitivo é uma obsessão. Quanto mais agradável é um pensamento, mesmo que repetitivo (p. ex., pensar em um bom momento ao lado do parceiro ou parceira, no roteiro da viagem de férias, na roupa que vai usar na festa), menor é a chance de ser uma ideia obsessiva. Infelizmente, as obsessões geram mal-estar, como angústia, ansiedade ou medo, e podem interferir negativamente na nossa vida.

Algumas frases de pessoas com TOC exemplificam isso:

- *"Eu trocaria um prêmio da mega-sena pelo sossego de ficar livre desses pensamentos, faria qualquer coisa para me libertar."*
- *"Não consigo dominar o que vem na minha mente, é um pensamento ruim atrás do outro, não tenho liberdade de cabeça, nem descanso."*
- *"Não dá nem para contar as preocupações ridículas, as bobagens que eu 'encasqueto', tudo pode ser motivo para minha cabeça me torturar."*

▍ Como se manifestam as obsessões?

As obsessões podem se manifestar de várias formas, como medos exagerados ou irracionais, pensamentos ruins, imagens mentais desagradáveis, dúvidas excessivas ou impulsos indesejados.

O medo de acontecimentos ruins conosco ou com as pessoas que mais amamos, por exemplo, pode se apresentar como um pensamento obsessivo. A ideia – que toda mãe conhece tão bem – de que um filho pode ter se acidentado ou estar com alguma doença grave pode se tornar muito frequente, mesmo quando não há motivos reais para essa preocupação. Um atraso de cinco minutos ou uma febre baixa – ou às vezes nem isso – é suficiente para que a pessoa se desespere, imaginando o pior cenário possível. É como se os perigos do mundo (que de fato existem, ninguém nega) se tornassem amplificados o tempo todo e muito mais prováveis de ocorrerem. O perigo estaria sempre por perto e à espreita, como se a vida cotidiana fosse se transformar a qualquer momento em um noticiário de TV, repleta de tragédias, como acidentes de trânsito, assaltos, sequestros, balas perdidas, incêndios, deslizamentos de terra, desabamentos, furacões, doenças raras e incuráveis e mortes.

> Pessoas que sofrem de TOC geralmente interpretam o mundo por um prisma mais "catastrófico", em uma espécie de "loteria do azar", em que as chances de ocorrência das piores coisas são sempre superestimadas.

É claro que todos nós passamos por momentos difíceis na vida, mas felizmente quase sempre não tão graves e bem esporádicos. Pessoas que sofrem de TOC geralmente interpretam o mundo por esse prisma "catastrófico", em uma espécie de "loteria do azar", em que as chances de ocorrência das piores coisas são sempre superestimadas. Elas consideram várias situações rotineiras como sendo perigosas ou arriscadas até prova em contrário. Esses medos exagerados e por vezes totalmente irracionais ou irrealistas geram muita insegurança, ansiedade e expectativas ruins, uma sensação quase constante de vulnerabilidade, como se as más notícias fossem a regra da vida, e não a exceção.

A todo momento passam pela cabeça, por exemplo, ideias sobre a possível ocorrência de doenças potencialmente sérias, como câncer, infecção generalizada ou covid-19. No entanto, os portadores de TOC se diferenciam daqueles com transtorno de ansiedade de doença (antes denominado hipocondria): embora os primeiros também se preocupem em ter ou contrair uma doença grave, eles têm mais medo de se contaminarem, além de dúvidas exageradas de se estão ou não com alguma doença. Além disso, os indivíduos com TOC também se preocupam exageradamente com a saúde de pessoas queridas, como familiares e amigos, e costumam ter outros medos associados, além de doenças.

Como diferenciar as obsessões de preocupações normais, superstições e outras manifestações de medo e insegurança?

De fato, é importante diferenciar as ideias obsessivas dos medos normais e necessários, que nos protegem de perigos reais. São aqueles, por exemplo, que nos fazem dirigir com cuidado, usar cinto de segurança, não ingerir bebida alcoólica antes de dirigir, evitar parceiros sexuais pouco conhecidos e sexo sem proteção, evitar sair à noite em lugares perigosos e não fumar. Durante a pandemia da covid-19, por exemplo, o medo da contaminação foi muito importante para que tomássemos todas as medidas para minimizar a propagação de um vírus novo e potencialmente letal.

Já no TOC, os medos causam muito sofrimento e, em vez de protegerem, atrapalham a vida da pessoa – os estudos, o traba-

> É importante diferenciar as ideias obsessivas dos medos normais e necessários, que nos protegem de perigos reais e que nos fazem, por exemplo, dirigir com cuidado, usar cinto de segurança, não tomar bebida alcoólica antes de dirigir, evitar parceiros sexuais pouco conhecidos e sexo sem proteção, evitar sair à noite em lugares perigosos e não fumar.

lho, o lazer, os relacionamentos. Além de exagerados, eles costumam ser ilógicos. Assim, como entender o medo de estar contaminada pelo vírus HIV em uma moça que nunca teve relações sexuais, nem usou drogas ou recebeu transfusão de sangue? Pois é, os pensamentos obsessivos são assim, meio (ou totalmente) sem lógica. Para se ter uma ideia, algumas pessoas que têm TOC acreditam que podem ter adquirido Aids só de passar perto de uma pessoa doente, de hospitais ou farmácias, de uma mancha de sangue ou mesmo de um objeto vermelho. Enquanto algumas obsessões não são absurdas, apenas improváveis, como um acidente de carro, outras são bizarras, como um pensamento "mágico", que a própria pessoa sabe que não têm cabimento, mas que mesmo assim a atormentam. Certa vez, um adolescente relatou, em consulta, temer que, ao engolir a comida, esta fosse para os pulmões e ele morresse sufocado, então só se alimentava de líquidos – e sempre com muito cuidado.

Como já ressaltado, um dos medos mais comuns no TOC é o de contrair doenças graves, particularmente aquelas que se adquirem por contaminação, como aids, tuberculose, hanseníase, dengue hemorrágica, gripe H1N1 ou covid-19. O medo tende a variar de acordo a doença contagiosa que esteja mais presente em determinada época ou local. Alguns indivíduos, no entanto, irracionalmente temem "pegar" de outra pessoa doenças não transmissíveis, como câncer. Há, ainda, pessoas que temem exageradamente a contaminação por substâncias tóxicas, como produtos de limpeza, agrotóxicos, substâncias radioativas, etc.

Quanto às superstições, são crenças populares ou práticas culturalmente compartilhadas de geração a geração, sem base racional ou científica, em geral sobre coisas ou números que trazem sorte ou azar. No entanto, diferentemente das obsessões, elas não costumam tomar tempo, não interferem nas atividades de rotina nem trazem desconforto significativo quando ignoradas ou desafiadas.

O que são dúvidas obsessivas?

Pessoas com TOC apresentam dúvidas exageradas sobre coisas aparentemente banais, como confiar que enxaguou bem a louça, lavou direito a verdura, trancou a porta, fechou a torneira ou desligou o fogão, o botijão de gás ou o ferro de passar roupa.

> Pessoas com TOC apresentam dúvidas exageradas sobre coisas aparentemente banais, como confiar que enxaguou bem a louça, trancou a porta, fechou a torneira... Mesmo lembrando que sim, duvida da própria memória, e a incerteza impera, gerando muita angústia.

Mesmo lembrando-se que sim, duvidam da própria memória, e a incerteza impera, gerando muita angústia.

Diante de algo muito importante, é natural conferirmos uma ou duas vezes se tudo está como deveria (p. ex., se o alarme do carro novo está ligado em uma rua perigosa de São Paulo, se todas as questões foram passadas para a folha de respostas em um concurso importante, se um documento indispensável está na bolsa para aquela inscrição no novo emprego, etc.). O problema existe quando mesmo as coisas rotineiras ou de menor importância são permeadas de dúvidas ou incertezas, e quando essas dúvidas parecem não ter fim (p. ex., mesmo olhando 20 vezes a porta, não é possível ter certeza de que está adequadamente trancada). No Capítulo 2, descreveremos melhor essas "manias de verificação ou checagem", muito relacionadas às dúvidas obsessivas. Obviamente, essas dúvidas são muito atormentadoras e angustiantes, porque pressupõem aquela mesma ótica catastrófica que descrevemos anteriormente. Ou seja, não trancar a porta significa que podem entrar ladrões que vão roubar tudo o há na casa e matar as crianças; o ferro esquecido ligado vai causar um incêndio de enormes proporções com muitos mortos, e assim por diante. Um aspecto importante é que, em geral, tais dúvidas obsessivas pressupõem uma grande responsabilidade do indivíduo por possíveis acontecimentos ruins. Os portadores de TOC geralmente se referem a isso como um "medo enorme de sentir culpa".

Além disso, pode-se ter dúvida sobre ter feito algo perigoso ou condenável sem querer ou perceber, como se a pessoa não confiasse em si mesma e nos próprios sentidos (p. ex., visão, audição) ou memória (p. ex., ter engolido um caco de vidro ou uma agulha, ter ferido ou atropelado alguém, ter colocado veneno no filtro de água ou na comida dos familiares), o que causa muita angústia e medo da culpa. Uma portadora de TOC evitava atender ao carteiro e ir ao dentista ou ao supermercado sozinha, pois depois ficava em dúvida se teria traído seu marido nessas ocasiões, mesmo sabendo que isso seria impossível e lembrando-se de que nada aconteceu. Outra tinha dúvidas frequentes sobre estar ou não grávida, mesmo sem nunca ter tido relações sexuais. Um portador relatava pensar, quando em locais públicos, "Será que eu estou mesmo vestido?" e por vezes "Será que esse corpo é meu?", ou, ainda, "Será que eu sou eu mesmo?". Antigamente, o TOC já foi denominado "doença da dúvida", exatamente por essa característica de "incapacidade de ter certeza".

▌ Obsessões podem vir na forma de impulsos?

Sim, e isso é bastante frequente no TOC. As próprias dúvidas obsessivas podem estar relacionadas a esse outro tipo de obsessão, que são impulsos indesejados. Sendo um dos sintomas que mais assustam os portadores, tais impulsos são completamente opostos aos valores, desejos e comportamentos habituais da pessoa.

Pode-se ter, por exemplo, impulsos agressivos contra si mesmo e contra pessoas desconhecidas ou queridas (p. ex., ferir, esfaquear, empurrar, afogar, matar), além de outros impulsos inaceitáveis ou vergonhosos (p. ex., furtar em lojas, trair o cônjuge, gritar ou blasfemar durante a missa, tirar a roupa em público, estuprar uma criança, colocar veneno na comida dos familiares). É comum também a impressão de que se vai perder o controle e se atirar ou empurrar alguém de um lugar alto, jogar o carro em direção a um barranco ou a outro veículo que vem na direção oposta, etc. Muitas mães de bebês pequenos temem dar banho ou cuidar sozinhas deles, com medo de fazerem "algo terrível" contra a criança. Esse sintoma é, por vezes, descrito como "fobia de impulso", e há portadores de TOC que rotineiramente escondem facas, tesouras e fósforos, como se isso fosse protegê-los de si mesmos, o que não faz sentido! O problema é que tais atitudes acabam reforçando o medo de se descontrolar, como veremos melhor ao final deste capítulo e no capítulo seguinte.

Os impulsos obsessivos se transformam em atos?

É fundamental saber que esses impulsos são apenas medos exagerados de perder o controle, e não desejo de fazer tais coisas, e que pessoas com TOC não são perigosas. Esses indivíduos não são ladrões, estupradores ou assassinos em potencial; pelo contrário, são pessoas excessivamente preocupadas e cuidadosas, que têm muito medo de fazerem algo condenável ou prejudicarem alguém. **Pensar** algo ruim é totalmente diferente de **fazer** algo ruim, e há uma enorme distância entre essas duas coisas. Não devemos nos culpar pelas coisas que invadem nossa cabeça, nem as levar muito a sério. Não são essas ideias estranhas e indesejadas que dizem algo a respeito do indivíduo, mas sim sua história de vida, seus valores e suas condutas.

Aqui também, pela avaliação exagerada dos riscos e pela responsabilidade pessoal exacerbada, a preocupação é: "E se eu for capaz de fazer uma coisa horrível dessa?". Aliás, "e se" e "será" são as palavras que mais ouvimos de pessoas com TOC. Saber que não há risco de descontrole costuma diminuir a ansiedade e o medo e, consequentemente, a própria frequência desses impulsos ruins. É importante reafirmar que, na verdade, essas pessoas têm muito medo de agirem mal e podem ter dúvidas sobre ter ou não feito aquilo que tanto temem. Os ladrões, estupradores e assassinos frios que aparecem

> É fundamental saber que os impulsos obsessivos são apenas medos exagerados de perder o controle, e não desejo de fazer tais coisas.

nos jornais ou noticiários de TV certamente não são portadores de TOC. Pelo contrário, pessoas com TOC costumam se preocupar demais com os outros, mais até do que consigo mesmas; não querem de jeito algum prejudicar alguém. Há indivíduos com TOC que evitam sair de casa, pois se sentem sempre obrigados a recolherem da rua cacos de vidro, pregos ou outros objetos que possam vir a machucar alguém que passe por ali. Muitos não toleram assistir a noticiários de TV, pois ficam excessivamente penalizados com o sofrimento alheio, pensando inutilmente em meios de ajudar e se culpando pela própria impotência. Outros se preocupam exageradamente com o que é certo e o que é errado, ou com o medo de pecar. Um rapaz, por exemplo, evitava responder perguntas simples, como "Que horas são?", por medo de mentir sem querer, por seu relógio estar errado. Caso respondesse, ficava se questionando se teria respondido certo ou "mentido", atormentado pela dúvida e pelo medo do possível castigo divino.

Esse senso exagerado de responsabilidade pessoal e o excesso de escrúpulo ou de medo da culpa habitualmente são fontes de muito sofrimento. Precisamos conhecer e aceitar o limite de nossas capacidades e possibilidades reais. É claro que é fundamental para o convívio humano que as pessoas se preocupem e se responsabilizem pelos seus atos, se desculpem pelo que não deveriam ter feito, se solidarizem com os demais, sejam compassivas e procurem ajudar os outros. No entanto, quando esses sentimentos são excessivos e geram grande sofrimento pessoal, podem ser sintomas do TOC.

Existem outras formas de obsessões?

Algumas vezes as obsessões podem ocorrer na forma de imagens mentais desagradáveis, como uma cena de filme, sempre relacionadas aos medos principais da pessoa. Não são alucinações, mas sim imagens internas, como "ver" mentalmente a cena de um familiar acidentado, ou de uma pessoa querida morta no caixão. Obviamente, a reação natural é tentar afastar essa imagem, que é muito aversiva. O problema é que, com isso, ela tende a voltar ainda mais. Além de imagens, algumas vezes são palavras, frases ou músicas intrusivas que, mesmo quando têm conteúdo "neutro", vão se tornando insuportáveis em razão da repetição.

Outras vezes, ainda, as obsessões têm conteúdo sexual. Nada parecido com fantasias sexuais agradáveis e excitantes, muito pelo contrário: são pensamentos ou impulsos proibidos que geram culpa e mal-estar. Podem ser pensamentos de cunho sexual envolvendo figuras ou imagens religiosas, pessoas da família ou crianças, dúvidas injustificadas sobre a própria orientação sexual ou impulsos proibidos, que vão contra todos os valores morais e comportamentos habituais do indivíduo. As obsessões também podem envolver o tema de ciúme, em geral como uma dúvida sem justificativa de que a pessoa possa estar sendo traída pelo parceiro ou parceira.

Quais são os conteúdos ou temas mais comuns das obsessões?

Em síntese, as obsessões giram em torno dos seguintes temas principais: agressão/violência/desastres, sexualidade, religião, sujeira/contaminação e doenças em geral, preocupação excessiva com organização, simetria e acumulação.

A seguir, no Quadro 1.1, listamos os tipos mais comuns de obsessões (que podem se manifestar como pensamentos ou dúvidas, imagens mentais ou impulsos indesejados), exemplificados por frases de portadores de TOC.

Quadro 1.1
OBSESSÕES MAIS COMUNS NOS PORTADORES DE TOC

Obsessões de contaminação ou sujeira

"Fico desesperada quando encosto sem querer em alguém na rua, já acho que talvez a pessoa esteja doente e que posso ter pegado alguma doença."

"Quando estou fazendo o almoço, às vezes fico 'encanada' que posso estar com alguma doença e que posso passar para toda a minha família."

"Quando vejo um copo sujo que seja na pia eu sinto uma agonia tão grande, que não passa até eu lavar, enxugar e guardar, mesmo sendo tarde e eu estando exausta."

Obsessões de agressão, violência ou desastres

"Quando vejo um bebezinho, tenho impulsos horríveis: parece que uma força interna me manda fazer algo ruim contra a criança, por isso evito até chegar perto, apesar de adorar crianças."

"Quando minha filha viaja, eu chego a ver na minha cabeça a imagem do carro dela acidentado, é horrível."

Obsessões sexuais

"Às vezes, quando estou perto das minhas sobrinhas, me vem na cabeça de repente a ideia de que posso atacá-las sexualmente. Eu me sinto o mais sujo dos seres humanos e morro de medo de um dia perder o controle. Como posso pensar uma coisa dessas, ainda mais com pessoas da minha família?"

"Eu nunca tive atração por mulheres e sou feliz com o meu marido, mas desde adolescente eu tenho um medo muito grande de ser homossexual, evito até olhar para mulheres bonitas, porque essa dúvida fica me atormentando."

Quadro 1.1
OBSESSÕES MAIS COMUNS NOS PORTADORES DE TOC

Obsessões religiosas

"Quase tudo que eu faço, por exemplo, fumar, ir a uma festa ou gostar de alguma coisa dos outros, já penso que posso estar pecando ou desagradando a Deus e que posso ir para o inferno. Por incrível que pareça, minha consciência fica pesando."

"Evito ter imagens de santos em casa, porque basta eu olhar que já me vêm na cabeça pensamentos de ofender, xingar ou até impulsos de bater no santo."

Obsessões somáticas (ou de doenças)

"Vivo achando que eu posso estar com câncer, mesmo sabendo que não tem nada a ver, mesmo sem sentir nada, essa ideia vive me atormentando."

"Eu sou superencanada com qualquer doença; um sintoma leve que eu ou principalmente meu filho tenha, mesmo que seja só uma gripe, já penso que é muito grave, que pode ser pneumonia e que ele pode morrer."

Outras obsessões

"Não consigo confiar em mim mesmo para nada: qualquer coisa que faço deixa uma interrogação na minha cabeça: será que eu fiz mesmo? Será que eu fiz direito? Não tenho segurança nem paz, é um inferno."

"Quando tenho que escrever um simples e-mail, demoro horas, porque leio, releio, às vezes apago tudo que escrevi, porque nunca tenho certeza de que está realmente bom."

"Morro de medo de perder minha namorada, sei que ela nunca me trairia, confio nela totalmente, mas essa dúvida não me dá sossego."

"Quando vou jogar alguma coisa fora, como uma anotação superantiga, me vem na cabeça a ideia de que posso precisar daquilo depois, ou que posso prejudicar alguém se eu jogar, e acabo guardando de novo."

▌ As ideias obsessivas são fixas?

Na verdade, não muito. Primeiro, nem todas as pessoas com TOC têm todos os tipos de obsessões aqui descritos ao mesmo tempo; algumas vezes têm um único medo ou dúvida exagerada, mas isso não é o mais comum. Em geral, são pensamentos ruins de vários conteúdos e que podem mudar ao longo do tempo, mas que tendem a variar dentro das mesmas dimensões temáticas. Assim, obsessões que em algum momento atormentavam demais podem melhorar ou desaparecer, e outros pensamentos que antes eram "neutros" podem passar a incomodar. A intensidade dos sintomas também pode variar bastante, diminuindo ou aumentando conforme a ocasião ou a fase da vida (ver Capítulo 3).

▌ Pessoas com TOC são "loucas"?

De forma alguma. O que é bastante comum no TOC é o medo da "loucura", entendida como a perda total de controle sobre os próprios pensamentos, sentimentos e comportamentos. Na verdade, é bastante compreensível esse temor, com tantas ideias e impulsos ruins passando pela cabeça. No entanto, é fundamental compreender que a essência do TOC é diferente de outros transtornos psiquiátricos nos quais o indivíduo de fato perde – temporária ou cronicamente – o juízo crítico da realidade ou o controle de seu comportamento, como, por exemplo, nas esquizofrenias, nas demências ou nas fases maníacas graves do transtorno bipolar.

O que existe no TOC, segundo alguns pesquisadores, é apenas certa confusão entre imaginação e realidade, de modo que o indivíduo sofre por pensamentos imaginários como se fossem reais. Entretanto, a avaliação crítica de que tais pensamentos são exagerados ou "ridículos" é em geral mantida. A dúvida, o medo e a insegurança são as marcas características do TOC, e não a certeza absoluta. Medo de perder o controle é bem diferente do risco real de perder o controle. Portanto, a pessoa com TOC não está "louca", ela tem noção do que pensa e do que faz. Como vários sintomas são meio bizarros, muitos portadores têm vergonha de falar deles para outras pessoas e até mesmo de procurar ajuda profissional. Assim, o TOC pode se apresentar como uma doença "secreta", o que tende a prolongar o sofrimento, retardar o diagnóstico e atrasar o início do tratamento (ver Capítulo 3). Essa foi uma das principais motivações que nos levaram a organizar este livro.

▌ Pessoas que não têm TOC também podem ter obsessões?

Com certeza. É importante ressaltar que obsessões são fenômenos que ocorrem no universo mental de praticamente todas as pessoas, só se constituindo sintomas do TOC quando geram mal-estar e sofrimento significativos, ou quando tomam muito tempo e atrapalham a vida.

As crianças, por exemplo, têm muitos pensamentos obsessivos e comportamentos compulsivos (ver Capítulos 2 e 6), que fazem parte do desenvolvimento psicológico normal e só excepcionalmente são patológicos, merecendo tratamento específico. Medos, pensamentos mágicos e comportamentos "supersticiosos" são comuns na infância e tendem a diminuir gradualmente com a idade. Mulheres grávidas também apresentam, com frequência, obsessões de que a criança pode ter algum problema de saúde ou má formação, e é comum as mães (e os pais) de bebês recém-nascidos ficarem pensando quase o tempo todo se a criança está mesmo bem de saúde e em segurança.

Como os pensamentos obsessivos são muito desagradáveis, compreensivelmente a pessoa costuma fazer de tudo para evitá-los. Assim, os portadores de TOC evitam as situações que estimulam ou desencadeiam as obsessões, como, por exemplo, ficarem sozinhos com crianças pequenas, manusearem facas ou visitarem doentes. O problema maior é que esses comportamentos de evitação para buscar segurança – também chamados de comportamentos de esquiva – acabam reforçando os medos, pois criam a falsa ideia de que o acontecimento temido só não ocorreu em razão da sua atitude de esquiva (ver Capítulo 8). Assim, a pessoa passa a acreditar que só não atacou a criança porque tinha gente por perto, que só não matou a mãe porque tinha escondido anteriormente a faca, ou que só não ficou doente porque não chegou nem perto do hospital, o que não é verdade.

Uma vez que todas as pessoas têm pensamentos obsessivos de vez em quando, acredita-se que o que leva ao desenvolvimento do TOC e à manutenção dos sintomas não são as obsessões em si, mas sim a maneira como a pessoa avalia e lida com tais pensamentos. Se observá-los com curiosidade e sem julgamento, apenas deixando que passem pela mente, eles logo desaparecerão. Quanto mais ela os interpretar como algo muito grave e inaceitável, mais ansiedade, medo ou culpa sentirá, e mais esforços fará para evitá-los ou afastá-los. Com isso, sem querer, acaba aumentando a frequência e a intensidade das obsessões e das emoções ruins associadas a elas, gerando um círculo vicioso, ou uma "bola de neve".

▎ Considerações finais

Obsessões são fenômenos que ocorrem no universo mental de praticamente todas as pessoas, só se constituindo sintomas do TOC quando geram mal-estar e sofrimento significativos, ou quando tomam muito tempo e atrapalham a vida.

Outro aspecto relevante é que nem sempre as obsessões e compulsões (ou "manias" – ver Capítulos 2, 3 e 4) são sintomas do TOC. Como já ressaltado, podem ser fenômenos normais em algumas fases da vida ou sintomas de outros transtornos psiquiátricos. Assim, por exemplo, na depressão, podem ocorrer pensamentos ruins ou "ruminações" obsessivas, enquanto nos transtornos alimentares ou demenciais são comuns comportamentos compulsivos ou "manias". Só uma avaliação psiquiátrica adequada poderá confirmar ou não o diagnóstico de TOC primário, ou seja, como o transtorno principal ou independente.

Vejamos, agora, no Capítulo 2, como as obsessões se relacionam (ou não) com as "manias", o segundo componente central desse transtorno.

Capítulo **2**

"Manias" (compulsões ou rituais compulsivos)

Albina Rodrigues **Torres**
Mariana de Souza Domingues **Castro**

"O medo foi, afinal, o mestre que mais me fez desaprender."
Mia Couto

O que são "manias", compulsões ou rituais compulsivos?

Como visto no Capítulo 1, as obsessões, sejam na forma de pensamentos, imagens ou impulsos indesejados, provocam grande desconforto emocional, como ansiedade, medo, insegurança, dúvida, nojo, vergonha ou culpa. Então, é comum a pessoa reagir a elas utilizando as compulsões, que são comportamentos que ela se sente compelida a fazer repetidamente para tentar aliviar o mal-estar causado pelas obsessões. Assim, as compulsões, ou "manias", são diversas atitudes que visam a minimizar o sofrimento ou desconforto, mesmo que apenas momentaneamente, podendo ser comportamentos observáveis ou

> As compulsões, ou "manias", são diversas atitudes que visam a minimizar o sofrimento ou desconforto, mesmo que apenas momentaneamente, podendo ser comportamentos observáveis ou atos mentais, como rezar ou contar "de cabeça".

atos mentais, como rezar ou contar "de cabeça". Por exemplo, diante do medo de estar contaminado, o indivíduo pode lavar as mãos, tomar um ou mais banhos ou usar algum produto químico para se "desinfetar". Após pensar em um possível acidente, pode-se fazer uma oração mental ou passar a mão na imagem de um santo. Em função de uma dúvida terrível sobre ter ou não desligado o ferro de passar e do medo das possíveis consequências dessa sua suposta "irresponsabilidade", a pessoa costuma voltar várias vezes para verificar se o desligou.

É importante esclarecer uma questão de terminologia: embora "mania" seja a palavra que pessoas leigas usam para definir as compulsões ou rituais compulsivos, seu significado médico é completamente diferente. Em psiquiatria, mania é uma das fases do transtorno afetivo bipolar, um quadro totalmente distinto do transtorno obsessivo-compulsivo (TOC). Portanto, a forma correta para se falar dos rituais do TOC é compulsão.

Esses comportamentos repetitivos (p. ex., lavar, rezar, conferir) são também conhecidos como rituais compulsivos, por terem de ser feitos de acordo com regras rígidas e serem vividos pelo indivíduo como um dever ou uma obrigação (lembre-se de que o termo "compulsivo" significa forçado, obrigado, coagido, compelido), o que acontece porque, em geral, a pessoa fica mais tranquila ou aliviada temporariamente depois de fazê-los, por mais chatos e cansativos que sejam. As compulsões, apesar de desgastantes e muitas vezes ilógicas ou irracionais, parecem preferíveis à ansiedade, ao medo ou à culpa pelas consequências negativas que a pessoa imagina que possam ocorrer caso não as execute.

Só que há vários problemas nesta história. Primeiro, o alívio é apenas passageiro, porque em pouco tempo as obsessões tendem a retornar à mente – e, por consequência, surge a necessidade de executar as mesmas compulsões, como em um círculo vicioso. Além disso, em razão das dúvidas exageradas (ver Capítulo 1), a pessoa em geral não tem certeza de que de fato fez as compulsões como achava que deveria, tendo que repeti-las inúmeras vezes, perdendo muito tempo e se desgastando demais com isso. Por fim, como o evento temido em geral está no futuro, o indivíduo costuma associar suas compulsões à não ocorrência daquele evento. Assim, fica com a falsa impressão de que está controlando o futuro por meio de tais atitudes, então as faz repetidamente para tentar garantir segurança. Por exemplo, a pessoa pode achar que seu filho só não adoeceu porque ela lavou a verdura 50 vezes, reforçando essa crença irracional.

▌ As compulsões são sempre motivadas por obsessões?

Nem sempre. Em geral, as compulsões estão relacionadas a ideias obsessivas ameaçadoras e intoleráveis, mas, assim como há casos em que as obsessões não são acompanhadas de algum ritual compulsivo, e sim de comportamentos de evitação, há também compulsões desvinculadas de medos específicos. Portanto, alguns portadores de TOC não apresentam um pensamento, imagem mental ou impulso indesejado específico antecedendo suas compulsões, mas relatam, por exemplo, uma sensação de nojo ou de pele engordurada que os levam a lavarem as mãos repetidamente. Diversas sensações ou experiências subjetivas como essas podem desencadear ou acompanhar as compulsões. São o que os pesquisadores chamam de **"fenômenos sensoriais"**. Outros exemplos incluem: ter que arrumar os objetos em determinada ordem ou de forma simétrica exata (p. ex., livros na prateleira ou quadros na parede), para sentir que estão visualmente "em ordem"; ter que ouvir um som específico várias vezes até que pareça soar "do jeito certo"; ter que umedecer os lábios várias vezes por sentir que estão secos; ter que tocar em objetos ou pessoas até obter a sensação tátil "certa"; ter que encostar em determinado objeto com a mão esquerda sempre que encostar nele com a mão direita; repetir uma ação qualquer até ter a impressão de que aquilo ficou "completo", "em ordem", "legal" ou "como tem que ser". Por fim, alguns indivíduos relatam simplesmente "ter que" realizar repetidamente algumas ações, sem nenhuma sensação ou razão clara para isso.

Uma portadora de TOC comparou a realização das compulsões à situação de ceder aos desejos de uma criança que está fazendo birra: é mais prático fazer sua vontade, pois obtém-se alívio imediato, mesmo que depois as coisas costumem ficar cada vez mais difíceis. Outra comparou os rituais a uma coceira, que melhora quando cedemos à "vontade" de coçar, mas volta a incomodar logo em seguida. Alguns pesquisadores fazem um paralelo do TOC com as dependências de substâncias, como se a pessoa ficasse, de certa forma, "viciada" nos comportamentos compulsivos. Na verdade, é compreensível a dificuldade de resistir às compulsões, pois elas trazem algum alívio na hora, apesar de a situação tender a se perpetuar ou se agravar com o passar do tempo.

▌ As compulsões sempre têm lógica?

Além de alguns exemplos já citados, em que há certa relação compreensível ou lógica entre o tipo de pensamento obsessivo e o tipo de compulsão, outras vezes essa relação é totalmente absurda ou irracional, uma espécie de pensamento mágico próprio do indivíduo. Um portador, por exemplo, relatou muita dificuldade de ler, pois, se no livro se deparasse com uma palavra "ruim" (p. ex., morte, doença), tinha que encontrar no texto uma palavra "boa", que "compensasse" ou "neutralizasse" a anterior (p. ex., vida, saúde) para então se sentir aliviado. No entanto, de forma muito menos compreensível, pode-se ter que dar seis pulinhos sempre que vier a ideia da possível morte de um familiar querido, para tentar evitar que isso aconteça. Um adolescente muito ligado à sua mãe, sempre que tinha um pensamento de que ela poderia ficar doente ou se acidentar, sentia-se obrigado a ir ao banheiro e colocar o dedo na garganta até sentir náusea, sensação que ele detestava,

> As compulsões são também conhecidas como rituais compulsivos. É porque precisam ser realizadas exatamente de determinada maneira para que sejam consideradas "certas", tragam alívio ou pareçam garantir alguma proteção ou segurança.

porque assim tinha a impressão de que nada de ruim aconteceria com ela.

Não é à toa, portanto, que as compulsões são também conhecidas como rituais compulsivos. É porque precisam ser realizadas exatamente de determinada maneira para que sejam consideradas "certas", tragam alívio ou pareçam garantir alguma proteção ou segurança. Estabelecem-se, assim, algumas regras próprias que devem ser seguidas à risca, sob pena de "castigos" imaginários terríveis, ameaçadores demais para que a pessoa consiga simplesmente "deixar para lá" ou ignorar os supostos riscos, mesmo quando percebe o exagero ou o absurdo da situação. Assim, muitas vezes por medo, o indivíduo acaba se tornando "escravo" dos seus sintomas.

Vejamos algumas frases de pessoas com TOC, que ajudam a compreender esse fenômeno:

- *"Parece que tem uma coisa que me empurra, como uma faca nas costas me obrigando a fazer aquelas bobagens."*
- *"Sinto uma tensão como se eu fosse um dependente de drogas até fazer aquilo, é como uma comida ruim que eu continuo comendo."*
- *"Meu próprio pensamento fica me chantageando: se eu não fizer aquilo, sinto que estou frita."*
- *"Incrível como a gente pode ficar preso numa coisa que não existe, numa escravidão boba dessas."*

Naturalmente, as coisas que a pessoa mais teme dependem sempre de sua história de vida, de seus relacionamentos e de seus valores pessoais, podendo ser muito diferentes de um indivíduo para outro. Da mesma forma, as compulsões também são amplamente variáveis. Entretanto, na prática clínica, assim como ocorre com as obsessões, há alguns tipos de compulsões que são mais frequentes no TOC, independentemente do grau de escolaridade, da época, da cultura ou do local de residência. Vejamos a seguir.

Compulsões de limpeza e lavagem

Tais compulsões ou rituais compulsivos são, em geral, relacionados às obsessões de contaminação ou sujeira, sempre exageradas ou não realísticas. Alguns indivíduos podem, no entanto, relatar apenas uma sensação de nojo ou de "pele oleosa" antecedendo os comportamentos de higiene ou lavagem, ou ainda "simplesmente ter que fazer", sem nenhuma razão clara.

Algumas pessoas lavam as mãos incontáveis vezes ao dia, a cada momento que tocam ou acham que podem ter tocado inadvertidamente em algo ou em alguém "sujo ou contaminado", sempre segundo seus próprios critérios. Enquanto o estímulo para um pode ser o contato com sangue, para outros pode ser urina, saliva, graxa ou gordura, e assim por diante. Outras vezes são banhos intermináveis, executados em uma sequência predeterminada, que é repetida do começo ao fim sempre que colocada em dúvida a precisão da execução (i.e., quase sempre). Há pessoas que ficam várias horas embaixo do chuveiro, sem que consigam se sentir devidamente limpas ou "descontaminadas". Algumas usam um sabonete inteiro em apenas um banho; outras, na tentativa de garantir seu ideal de limpeza, usam produtos mais fortes, como álcool, desinfetante ou mesmo água sanitária.

Para certos portadores de TOC, a escovação de dentes e o uso de fio dental são extenuantes; para outros, é a lavagem de objetos ou utensílios domésticos (p. ex., louças, copos, panelas, roupas, mobiliário) que parece não ter fim. Há indivíduos que lavam exaustivamente e "desinfetam" até mesmo bolsas, chaves, celulares, maçanetas, documentos plastificados, ferros e tábuas de passar roupa. Além da perda de tempo e do prejuízo econômico, tais compulsões podem resultar em problemas físicos, como dores de coluna, dores musculares e lesões de pele. Alguns indivíduos que procuram dermatologistas com dermatites crônicas de mãos podem ser "lavadores compulsivos" que têm vergonha de relatar suas compulsões de limpeza, por considerá-las exageradas.

Cabe aqui uma diferenciação importante das pessoas que são mais caprichosas e exigentes no serviço doméstico, por terem sido educadas dessa forma, ou simplesmente por gostarem de ver tudo "limpinho" e em ordem. Portadores de TOC não fazem isso "por gosto", mas sim porque não conseguem deixar de fazer e se sentem muito mal se resistirem a esses comportamentos. Aliás, as compulsões de limpeza costumam ser bastante improdutivas, e, paradoxalmente, a casa dessas pessoas pode ser até um tanto suja, enquanto apenas alguns objetos estão exageradamente limpos. Afinal, quem leva uma hora para lavar apenas um copo não tem tempo para cuidar de todo o resto! Algumas vezes a lavagem tem que ser feita um certo número de vezes, escolhido "magicamente".

> As compulsões de limpeza costumam ser bastante improdutivas, e, paradoxalmente, no caso de limpeza doméstica, a casa dessas pessoas pode ser até um tanto suja, enquanto apenas alguns objetos estão exageradamente limpos.

É importante ressaltar que os portadores de TOC não fazem isso para irritar seus familiares ou para esbanjar dinheiro com produtos de limpeza ou contas altíssimas de água e energia elétrica. Para a pessoa, por mais cansativas que sejam tais compulsões, elas parecem preferíveis às terríveis consequências imaginárias da sua não realização (p. ex., contaminação por um vírus fatal). Há, ainda, aquelas que precisam se lavar para aliviar uma sensação não de sujeira física, mas de culpa, ou seja, de estarem moralmente "sujas".

▌ Compulsões de ordenação e simetria

Neste caso, o indivíduo se vê obrigado a arrumar de determinado jeito ou colocar em certas posições alguns objetos, senão se sente muito mal. O porta-retratos tem que ficar do lado direito do vaso, na borda ou exatamente no centro da mesa, e assim por diante. Caso contrário, ele sente muita ansiedade ou teme que algo terrível possa acontecer.

Muitas vezes, mesmo na ausência de um medo específico, as peças no guarda-roupa ou no varal não podem ter nenhuma dobra, têm que estar bem retas ou não podem encostar em roupas de outro tipo ou cor; as revistas têm que ficar em certa ordem ou simetricamente dispostas; os cabides precisam estar virados para o mesmo lado dentro do armário; os sapatos têm que estar perfeitamente pareados ou os laços do tênis exatamente iguais. Se não, a pessoa tem uma sensação muito desagradável de que "não está certo". Para um portador, a porta entreaberta tinha que ter um vão de tamanho exatamente igual ao vão da porta ao lado, ou como havia ficado no dia anterior. Como já vimos, o fato de alguma dessas coisas não estar "como deveria" traz grande desconforto emocional, como, por exemplo, quadros tortos na parede ou cadeiras desalinhadas. Algumas vezes, ao tocar em uma pessoa sem querer com um dos braços, a pessoa sente que tem que tocar também com o outro, para "balancear" ou "equilibrar". Isso é feito em geral disfarçadamente, para a pessoa se sentir melhor naquele momento.

> Gavetas e armários mais organizados são agradáveis à vista e facilitam a vida, enquanto rituais de ordenação ou simetria são apenas perda de tempo e desgaste pessoal.

É importante ressaltar que tais rituais não equivalem a gostar de ordem e capricho na organização das coisas em casa ou no trabalho. Gavetas e armários mais organizados são agradáveis à vista e facilitam a vida, enquanto rituais de ordenação ou simetria são apenas perda de tempo e desgaste pessoal. Não raro, o quarto de quem tem esse tipo de sintoma é até bagunçado, pois ter que colocar as coisas "na ordem certa" toma tanto tempo e é tão cansativo que a pessoa pode adiar ou evitar começar a arrumação.

▌ Compulsões de verificação ou checagem

Diretamente associadas às dúvidas obsessivas, que são excessivas e irracionais (ver Capítulo 1), estas compulsões são bastante comuns no TOC: verificar várias vezes se o gás, o fogão ou o ferro estão desligados, se as portas estão trancadas, se o despertador do celular está programado corretamente, se o documento está na bolsa, se o freio de mão está puxado, se o filho já chegou na escola, e assim por diante. Mesmo sabendo que já o fez, mas duvidando da própria memória, a pessoa não se sente tranquila até verificar novamente, sempre por medo "do pior".

Alguns indivíduos voltam de longas distâncias, até mesmo da estrada, para conferir uma vez mais se fecharam o portão da casa ou desligaram o ferro de passar. Certa vez, uma portadora de TOC contou que preferia levar o ferro na bolsa, para não chegar atrasada no trabalho ou na consulta. Como a pessoa não consegue confiar em si mesma, frequentemente os familiares são envolvidos nesses rituais de verificação e acabam participando deles, fenômeno denominado "acomodação familiar" (ver Capítulos 6 e 8).

É bom ressaltar que não se trata de um problema de esquecimento, mas sim de grande insegurança ou dúvida excessiva em relação à própria memória, associada ao medo de que algo terrível aconteça por um descuido seu, por sua culpa. Assim, muitos portadores de TOC querem ter 100% de certeza sobre suas ações, ou total segurança ou garantia, que são metas inatingíveis.

Em geral, o medo vence o cansaço e até a lógica, obrigando o indivíduo a se sacrificar nessas atitudes improdutivas e muitas vezes até contraproducentes. Um portador de TOC, por exemplo, gastava tanto tempo à noite checando se o portão de sua garagem estava trancado, que acabava se expondo, de fato, ao risco de ser assaltado. Outra portadora ligava de dez em dez minutos para o celular da filha, que estava dirigindo na estrada, para saber se estava indo tudo bem na viagem! Assim, os portadores de TOC podem subestimar riscos reais de alguns acontecimentos adversos, enquanto sofrem por exagerar riscos pequenos ou imaginar riscos inexistentes.

> É bom ressaltar que não se trata de um problema de esquecimento, mas sim de grande insegurança ou dúvida excessiva em relação à própria memória, associada ao medo de que algo terrível aconteça por um descuido seu, por sua culpa.

> É importante dizer que todos nós podemos apresentar compulsões de verificação em situações específicas ou pontuais.

É importante dizer que todos nós podemos apresentar compulsões de verificação em situações específicas ou pontuais, como voltar para checar se a porta está bem trancada antes de sair de viagem ou conferir algumas vezes se o passaporte está na bolsa no caminho para o aeroporto. O diagnóstico de TOC só deve ser considerado quando tais rituais são muito frequentes, tomam pelo menos uma hora por dia, interferem nas atividades rotineiras ou geram sofrimento significativo.

▍ Compulsões de contagem

Frequentemente, os rituais compulsivos têm que ser repetidos um número determinado de vezes, que é bem variável. Assim, enquanto fazem e refazem certos atos, alguns indivíduos só se tranquilizam após repeti-los 5, 8, 12 ou 30 vezes, por exemplo. A origem desses números é "supersticiosa" ou mágica. Há portadores de TOC que se baseiam na idade de um familiar, no dia ou mês de seu nascimento, ou no número de membros da família. Alguns preferem números "redondos" ou pares, outros escolhem os ímpares, outros, ainda, evitam aqueles terminados em 3 ou 6. Enfim, as possibilidades são infinitas. O problema é que a contagem deve ser sempre exata e, em caso de dúvida (mais a regra do que a exceção), a pessoa obriga-se a recomeçar a contagem.

Uma pessoa com TOC tinha que lavar cada parte do corpo cinco vezes para se sentir de fato "descontaminada"; outra evitava qualquer ato (p. ex., enxaguar ou mexer uma panela) três vezes porque "três o diabo que fez"; outra se obrigava a refazer tudo no mínimo sete vezes, por ser este o número de pessoas da sua família (caso contrário, temia que alguém pudesse morrer). Algumas pessoas se obrigam a contar inutilmente – em geral, "de cabeça" – azulejos, degraus, números de placas de carros, riscas do chão e até mesmo folhas de plantas ou pássaros em revoada.

> Os rituais de contagem podem ser independentes ou se associar a outros, como lavar ou conferir tantas vezes. Algumas contas mentais inúteis de soma, multiplicação ou subtração podem despender muito tempo e energia.

Assim, os rituais de contagem podem ser independentes ou se associar a outros, como lavar ou conferir tantas vezes. Algumas contas mentais inúteis de soma, multiplicação ou subtração podem despender muito tempo e energia. Um indivíduo com TOC que trabalhava como pedreiro se obrigava, sempre que media alguma distância no trabalho, a dividi-la pelo tamanho em centímetros de um tijolo padrão, senão se sentia muito ansioso. Apesar de competente e dedicado, era sempre despedido porque seu trabalho não rendia, passava por lerdo ou preguiçoso diante dos patrões e colegas e não tinha coragem de explicar por que demorava tanto.

Compulsões de acumulação

Algumas pessoas, por mais que racionalmente desejem, simplesmente não conseguem descartar objetos velhos, inúteis ou quebrados. Elas acabam entulhando a casa de caixas, vidros, jornais, cadernos, eletrodomésticos quebrados, notas fiscais ou boletos de água, energia elétrica ou telefone antigos, para desconsolo de seus familiares. O espaço útil da casa pode ficar pequeno, tamanha a quantidade de coisas inúteis acumuladas, em geral de modo desorganizado. Muitas vezes, a razão alegada é de que tais coisas podem ser úteis algum dia, mesmo que já estejam guardadas há 20 anos! Outras vezes, a pessoa tem medo de estar contaminada e, ao jogar fora alguma coisa, vir a contaminar os lixeiros ou outras pessoas. Um jovem temia jogar qualquer papel, pois poderia conter alguma informação "comprometedora" sua, como uma confissão de culpa por algum assassinato ou estupro que não cometeu. Como não conseguia ter certeza de que não havia escrito nada, não tinha coragem de se desfazer de nenhum papel.

Assim, alguns indivíduos são incapazes de jogar fora até um simples papel de bala ou palito de sorvete, que vão para os bolsos e depois para alguma gaveta. Outros apresentam também uma necessidade incontrolável de pegar coisas que acham nas ruas, como um pedaço de papel ou madeira, um prego, uma pedra ou uma tampa. Chegam a dar a volta no quarteirão para ver se não tem ninguém olhando e então recolher aquilo. Esse gesto pode estar associado a um medo qualquer (p. ex., "Se não pegar, meu filho pode ficar doente" ou "Alguém pode se machucar") ou à simples sensação de premência ("Tenho que recolher, senão me sinto muito mal" ou "Posso querer ver isso depois") ou de incompletude ("Fica faltando alguma coisa"), que são os chamados "fenômenos sensoriais". Há, ainda, pessoas que acumulam correspondência eletrônica, chegando a ter milhares de *e-mails*, mesmo *spams*, que não conseguem deletar. Alguns portadores de TOC também fazem compras excessi-

> Alguns indivíduos são incapazes de jogar fora até um simples papel de bala ou palito de sorvete, que vão para os bolsos e depois para alguma gaveta. Outros apresentam também uma necessidade incontrolável de pegar coisas que acham nas ruas, como um pedaço de papel ou madeira, um prego, uma pedra ou uma tampa.

vas e desnecessárias, e os novos objetos vão se acumulando na casa, muitas vezes sem uso e ainda com as etiquetas.

É fundamental distinguir tais rituais de acumulação dos *hobbies* de colecionadores. Por gosto, muitas pessoas colecionam selos, latas de cerveja importadas, canetas especiais, carrinhos de brinquedo ou miniaturas variadas, de modo caprichoso e ordenado. Isso não é nenhum problema, assim como guardar alguns objetos inúteis, mas que têm valor sentimental para a pessoa (p. ex., uma pétala de rosa seca, cartões de aniversário, um frasco vazio de perfume e mesmo um papel de bombom dado por alguém especial). Diferentemente disso, nos rituais de acumulação guardam-se coisas muito variadas, sem importância e sem valor real ou sentimental, em geral de forma caótica, e não porque se quer, mas simplesmente porque não se consegue decidir ou ter coragem de jogar fora.

Rituais de acumulação podem ocorrer em outros transtornos psiquiátricos além do TOC, como, por exemplo, na esquizofrenia e nas demências. Além disso, na quinta edição do *Manual diagnóstico e estatístico de transtornos mentais* (DSM-5), foi criado o transtorno de acumulação (em inglês, *hoarding disorder*), na categoria dos transtornos relacionados ao TOC. Nesse caso, os acumuladores apresentam apenas esse sintoma, sem nenhuma obsessão específica nem outras compulsões associadas, que tende a piorar com a idade. Em geral, a crítica é prejudicada e a pessoa resiste muito em aceitar tratamento e se desfazer de suas "coisas", mesmo quando o sintoma gera graves riscos, como doenças causadas por insetos e roedores, quedas ou até incêndio. Há, inclusive, casos que requerem a intervenção de autoridades sanitárias, como quando "acumuladores primários" guardam animais e é necessário intervir para garantir a saúde e a segurança da pessoa, de seus familiares, de seus vizinhos e dos próprios animais (ver Capítulo 4).

▌ Compulsões de repetição

A característica básica do TOC é exatamente a repetição, ou seja, fazer várias vezes a mesma coisa (p. ex., lavar, verificar, arrumar, contar, etc.). Algumas vezes, entretanto, para obter algum alívio do desconforto, temos repetições de ações mais inespecíficas, como sentar-se e levantar-se, ligar e desligar o interruptor de luz ou a TV, abrir e fechar gavetas, entrar e sair de um cômodo, reler, reescrever, e assim por diante. Tais repetições podem ou não estar associadas a rituais de contagem ou a algum pensamento obsessivo específico.

▌ Compulsões ou rituais mentais

Estes são comportamentos repetitivos encobertos, ou seja, não observáveis por outras pessoas, geralmente realizados para aliviar algum sentimento ruim, como medo ou culpa. São exemplos comuns: pensar em algo "bom" para neutralizar um pensamento "ruim", fazer contas ou contar coisas "de cabeça" e rezar mentalmente.

Alguns indivíduos se desgastam com rituais mentais que não têm qualquer utilidade ou possibilidade de resolução. Assim, alguns se perdem em questionamentos filosóficos ou religiosos que não têm uma resposta "certa" e podem tomar um tempo imenso (p. ex., Qual é a altura do céu? Como é a imagem de Deus?). Alguns indivíduos ficam horas tentando relembrar alguma coisa sem importância, como o que fizeram em um dia aleatório de tal ano ou o que responderam a uma pergunta irrelevante que lhes foi feita há três meses. Sentem uma angústia enorme por não conseguirem solucionar um suposto "problema", que se impõe como se fosse algo muito importante. Como se pode imaginar, esses rituais costumam atrapalhar bastante a concentração e as atividades do dia a dia. Alguns portadores de TOC chegam a ficar imóveis, quase paralisados, sem conseguirem sair da cama ou fazer qualquer outra coisa enquanto não "terminam de pensar" aquilo que se impõem.

Outras compulsões ou rituais compulsivos

Não cabe aqui descrever outros tipos de rituais menos frequentes no TOC, mas apenas ressaltar que qualquer comportamento pode ter características compulsivas, ou seja, envolver a sensação de "obrigatoriedade" ou de "ter que". Potencialmente, toda atitude que se torna repetitiva exatamente por visar a diminuir de forma temporária a angústia, o medo, a ansiedade, a culpa ou qualquer outro desconforto pode ser uma compulsão. Portanto, os exemplos são infindáveis: repetir algum gesto, rezar, perguntar, relembrar, sapatear, pular, cuspir, piscar, e assim por diante. Aliás, uma das características mais marcantes do TOC é sua enorme diversidade de manifestações clínicas, que atualmente são agrupadas em diferentes "dimensões sintomatológicas", ou seja, obsessões e compulsões que se associam com mais frequência (ver Capítulo 3). Assim, é difícil ver um caso exatamente igual ao outro, e, na prática clínica, com frequência nos deparamos com um sintoma diferente ou novo.

Compulsões são como hábitos ou superstições?

Não, são diferentes. Muitas pessoas simplesmente gostam de ler o jornal ou guardar os cartões na carteira ou as roupas na gaveta de determinada forma. São apenas hábitos que não constituem sintomas a serem tratados, a menos que envolvam algum medo particular, tomem muito tempo, causem sofrimento, atrapalhem a vida ou "escravizem" a pessoa. Como já ressaltado, algumas pessoas são mais focadas em organização e limpeza, outras, menos. Os hábitos, em geral, facilitam

> Algumas pessoas são mais focadas em organização e limpeza, outras menos. Os hábitos, em geral, facilitam a vida; já as compulsões sempre atrapalham e envolvem perda de liberdade e de tempo.

a vida; já as compulsões sempre atrapalham e envolvem perda de liberdade e de tempo.

Mesmo que tenhamos utilizado algumas vezes o termo "supersticioso", é importante esclarecer que as superstições são valores culturais, de caráter social compartilhado, sem nenhum significado doentio, como discutido no Capítulo 1. Bater três vezes na madeira, evitar passar embaixo de escadas, deixar o sapato virado ou se benzer quando cruza com um gato preto são atitudes comuns que não tomam tempo nem envolvem angústias ou limitações maiores. No TOC, pelo contrário, os sintomas são extremamente angustiantes e imperativos e têm um caráter muito individual e idiossincrático.

Como diferenciar compulsões de tiques?

Só de se observar, algumas vezes pode ser difícil diferenciar uma compulsão de um tique motor, que é um movimento rápido e mais automático. Quanto mais complexo for um tique, mais se parecerá com uma compulsão. Além disso, algumas pessoas com TOC podem apresentar as duas coisas associadas: tiques e compulsões (ver Capítulo 4: Transtorno de tiques/síndrome de Tourette). Em geral, o tique é mais rápido e ocorre inesperada e involuntariamente, motivado por alguma sensação corporal desagradável; no TOC, em geral, a compulsão se deve ao medo de algum acontecimento ruim. No entanto, pessoas com TOC também podem ter "fenômenos sensoriais" precedendo suas compulsões. Assim, é importante consultar um psiquiatra que avalie adequadamente os sintomas e faça o diagnóstico correto.

As compulsões são um tipo de loucura?

O TOC não tem nada a ver com loucura, burrice ou ignorância; é um quadro em que a emoção é mais forte do que a razão. Quem já vivenciou ansiedade intensa (provavelmente todos nós, em alguns momentos) sabe o quanto é insuportável, o quanto nos dispomos a fazer qualquer coisa para aplacar um pouco o mal-estar. Assim, na busca de alívio, mesmo reconhecendo o absurdo da situação e até sentindo vergonha, a pessoa se vê aprisionada nesses comportamentos exagerados ou irracionais autoimpostos, muitas vezes secretos. Percebendo perigos e imperfeições por toda parte e não conseguindo confiar nos próprios sentidos, a pessoa se sente compelida a realizar repetidamente as compulsões. Desgasta-se muito na tentativa infrutífera de garantir total segurança, proteção, controle, perfeição ou certeza, que são metas inatingíveis. Apesar de todo esforço, o alívio, quando ocorre, é sempre passageiro, e a pessoa tem sentimentos quase constantes de ansiedade, medo, fracasso, insatisfação ou culpa.

> O TOC não tem nada a ver com loucura, burrice ou ignorância; é um quadro em que a emoção é mais forte do que a razão.

▌ Considerações finais

A partir do que foi apresentado neste capítulo, é possível afirmar que, por mais estranho, difícil e assustador que possa parecer à primeira vista, o caminho para sair desse círculo vicioso tão sofrido é justamente enfrentar os medos, tolerar o desconforto e resistir à execução dos rituais. Como veremos melhor nos Capítulos 7 e 8, a ansiedade diminui gradualmente quando a pessoa mantém contato com as situações ou os objetos temidos, sem que ela recorra às compulsões, que não resolvem nada – pelo contrário, acabam reforçando cada vez mais o problema. No fundo, racionalmente a pessoa sabe disso, só não tem coragem de pôr em prática. Para isso, profissionais de saúde especializados, como psiquiatras e psicólogos, podem estabelecer um programa de tratamento estruturado e individualizado, que orienta e apoia esse enfrentamento.

> Por mais estranho, difícil e assustador que possa parecer à primeira vista, o caminho para sair do círculo vicioso tão sofrido relacionado às compulsões é justamente enfrentar os medos, tolerar o desconforto e resistir à execução dos rituais.

Capítulo **3**

Características clínicas do TOC

Albina Rodrigues **Torres**
Maria Alice de **Mathis**
Igor **Studart**
Roseli Gedanke **Shavitt**

▌ O TOC é uma doença rara?

Estudos realizados em diversos países indicam que o transtorno obsessivo-compulsivo (TOC) acomete cerca de 2% da população geral ao longo da vida, ou seja, em média, 2 em cada 100 pessoas. No entanto, até 25% das pessoas podem apresentar obsessões e/ou compulsões em algum momento da vida, mesmo não preenchendo critérios diagnósticos para o TOC. Assim, sintomas obsessivo-compulsivos leves podem ocorrer mesmo em quem não apresenta nenhum transtorno psiquiátrico. Portanto, só se deve fazer o diagnóstico de TOC quando esses sintomas: (a) tomam tempo (pelo menos uma hora por dia); (b) geram sofrimento significativo; e (c) prejudicam as atividades diárias e a qualidade de vida da pessoa.

Na verdade, até a década de 1980 acreditava-se que este fosse um transtorno muito raro, mas atualmente diversos fatores vêm contribuindo para uma melhor identificação dos casos de TOC, como a evolução do conhecimento nessa área, critérios diagnósticos mais bem definidos e novos instrumentos de investigação dos sintomas. Além disso, há mais estratégias terapêuticas disponíveis, maior interesse pelo problema e maior divulgação a respeito do TOC pelos meios de comunicação, incluindo as mídias sociais; tudo isso contribui para diminuir o estigma e aumentar a procura por tratamento e a identificação dos portadores.

Se o TOC não é raro, por que não vemos no dia a dia mais pessoas manifestando os sintomas?

Provavelmente isso se deve a uma característica do próprio transtorno, que é o fato de os portadores de TOC habitualmente acreditarem que seus sintomas (obsessões ou compulsões) são estranhos ou, aos seus olhos, ridículos. A vergonha de pensar ou fazer coisas "sem sentido" ou "sem cabimento" e o medo do que os outros possam pensar disso geralmente levam os indivíduos a esconderem ao máximo seus sintomas. Além de as obsessões serem sempre encobertas ou não observáveis pelos outros, algumas compulsões também são apenas mentais (i.e., em forma de pensamento) e outras são realizadas de modo bem discreto ou "secreto". Sabemos que, ao menos inicialmente, alguns indivíduos conseguem disfarçar ou controlar seus rituais compulsivos na presença de outras pessoas, limitando-os a locais onde possam ser realizados em privacidade, como o quarto ou o banheiro. Apenas com a piora da gravidade dos sintomas é que alguns indivíduos perdem a capacidade de ocultá-los. Assim, em vários casos, até mesmo familiares próximos, como pais e cônjuges, podem não ter conhecimento da existência dos sintomas. Mesmo crianças um pouco maiores já tendem a esconder de seus pais seus medos exagerados e suas "manias", e eles costumam descobrir o problema apenas algum tempo depois do início dos primeiros sintomas (ver Capítulo 6).

Alguns sinais indiretos podem levar à suspeita da existência do transtorno, como, por exemplo, piora do desempenho escolar ou profissional, repetição de perguntas ou pedidos de confirmação, indecisão excessiva, atrasos constantes, demora para finalizar tarefas rotineiras ou repetição desnecessária de algumas ações, longa permanência no banheiro, mãos avermelhadas e descamativas, gasto excessivo de sabonete ou papel higiênico, lentidão para se vestir ou se arrumar, acúmulo de objetos inúteis, irritabilidade ou ansiedade constantes, recusa a frequentar alguns lugares, etc. A confirmação do diagnóstico, no entanto, sempre deve ser feita por um profissional da área da saúde.

O reconhecimento de que as obsessões são exageradas ou ilógicas e que as compulsões são esquisitas ou sem sentido é, portanto, o principal motivo que faz o indivíduo tentar escondê-las, pois teme ser visto como "louco". A sensação de vergonha e solidão, por se considerar "a única pessoa na face da Terra" com

> A vergonha de pensar ou fazer coisas "sem sentido" ou "sem cabimento" e o medo do que os outros possam pensar disso geralmente levam os indivíduos a esconderem ao máximo seus sintomas.

ideias e comportamentos tão estranhos, costuma ser uma fonte adicional de sofrimento. Esse caráter secreto do problema pode ser um grande obstáculo para sua identificação e seu tratamento, pois até mesmo quando está diante do psiquiatra ou do psicólogo a pessoa pode negar, minimizar ou omitir os sintomas, ou pelo menos parte deles. Por vezes, descobrimos que a pessoa apresenta TOC somente após muito tempo de acompanhamento. Um portador, por exemplo, só conseguiu revelar para sua psicoterapeuta a dúvida obsessiva de ser ou não homossexual depois de vários anos de terapia, tamanha a vergonha que sentia de ter esse pensamento repetitivo. Assim, cabe ao especialista investigar diretamente, e com muito tato e respeito, a existência de tais sintomas.

O indivíduo sempre sabe que seus sintomas não fazem sentido?

Na maioria das vezes, sim. O que em geral acontece é que, mesmo sabendo que os sintomas são irracionais, o indivíduo simplesmente não tem coragem de enfrentar seus medos e dúvidas e, assim, de deixar de realizar os rituais e "pagar para ver", especialmente quando teme que aconteça algo muito ruim (p. ex., doença grave ou acidente) consigo ou com pessoas queridas. Portanto, a maioria dos portadores tem consciência de que seus sintomas são exagerados ou ilógicos, ou seja, tem a capacidade crítica (em inglês, *insight*) preservada.

Algumas vezes, porém, o indivíduo pode perder um pouco a noção do exagero ou da inadequação de suas ideias e atitudes. Assim, por vezes a pessoa pode considerar seus medos razoáveis e defender a necessidade de execução dos rituais. Isso é conhecido como *insight* pobre ou crítica prejudicada, ocorrendo geralmente em casos mais graves e crônicos, em fases de piora dos sintomas, com certos tipos de sintoma (p. ex., obsessão de estar com alguma doença grave, compulsão de acumulação ou ter que fazer uma reza especial para proteger a família), ou, ainda, quando há sintomas depressivos associados (ver Capítulo 4). Nessas situações de pior capacidade de julgamento crítico, costuma ser mais difícil convencer a pessoa de que ela não está bem e precisa de tratamento. No entanto, quando aceita se tratar e começa a responder ao tratamento, sua capacidade crítica sobre o problema tende a melhorar.

> Na maioria das vezes o indivíduo sabe que seus sintomas não fazem sentido. No entanto, o que em geral acontece é que, mesmo sabendo que os sintomas são irracionais, o indivíduo simplesmente não tem coragem de enfrentar seus medos e dúvidas.

Um aspecto importante é diferenciar os principais sintomas do TOC (obsessões ou compulsões) de certas características ou traços da personalidade do indivíduo. Assim, por exemplo, existem pessoas que são mais exigentes com organização e limpeza, o que não significa que tenham TOC. Elas podem não ter nenhum transtorno mental ou apresentar o transtorno da personalidade obsessivo-compulsiva, que é caracterizado por traços precoces, crônicos, estáveis, excessivos e mal-adaptativos de perfeccionismo, rigidez, moralismo, constrição emocional, apego material, meticulosidade e inflexibilidade, que são valorizados e defendidos pela própria pessoa. No TOC, o indivíduo geralmente não se identifica com os sintomas, mas se sente "escravizado" por eles, tendo sua liberdade de escolha comprometida. Um profissional da saúde qualificado deve estabelecer o diagnóstico correto e orientar as abordagens terapêuticas mais adequadas em cada caso.

O diagnóstico de TOC só deve ser feito na presença de obsessões e/ou compulsões típicas (ou fenômenos sensoriais e comportamentos de evitação), que geram sofrimento, limitações ou interferência na rotina. Como descrito no Capítulo 2, por vezes as compulsões são feitas não em resposta a um pensamento obsessivo, mas em razão da necessidade de responder a uma sensação urgente de que algo não está "em ordem". Assim, as pessoas obrigam-se a repetir as ações até sentirem que aquilo está completo ou "do jeito certo" – exemplos incluem arrumar objetos ou quadros na parede até que estejam na posição "certa", fechar o portão até ouvirem o barulho "certo" e repetir algum movimento até se obter a sensação física de estar em ordem. Outra sensação que pode desencadear as compulsões é a de incompletude, que leva a pessoa a fazer os movimentos ou ações até obter uma sensação de satisfação. Essas experiências sensoriais que precedem as compulsões são conhecidas como "fenômenos sensoriais" (ver Capítulo 2).

As obsessões e compulsões sempre "andam juntas"?

Como vimos nos capítulos anteriores, a maioria das pessoas com TOC apresenta obsessões e compulsões associadas, porém alguns têm apenas pensamentos, imagens mentais ou impulsos obsessivos, sem nenhum tipo de compulsão, somente comportamentos de esquiva relacionados (p. ex., obsessões agressivas que levam o indivíduo a evitar manusear facas ou ficar sozinho

> A maioria das pessoas com TOC apresenta obsessões e compulsões associadas, porém alguns têm apenas pensamentos, imagens mentais ou impulsos obsessivos, sem nenhum tipo de compulsão, somente comportamentos de esquiva relacionados.

com crianças). Outros podem ter apenas compulsões (sem qualquer pensamento obsessivo ou medo específico), desencadeadas pelas sensações desagradáveis de incompletude ou imperfeição, os "fenômenos sensoriais", descritos antes.

Os indivíduos costumam ter múltiplos sintomas simultaneamente, sendo rara a ocorrência de um único tipo de obsessão ou compulsão, mesmo que o transtorno tenha se iniciado com apenas um ou poucos sintomas. Assim, a maioria dos portadores apresenta, na idade adulta, diversas obsessões e compulsões na maior parte do tempo, com algum tipo delas causando mais sofrimento e impacto negativo em determinada época, depois perdendo um pouco a importância ou até desaparecendo, enquanto outros sintomas se tornam mais relevantes. Em suma, geralmente associam-se sintomas de diversos conteúdos, e estes podem mudar ao longo do tempo. Por exemplo, uma pessoa pode ter, no início, mais obsessões de contaminação e rituais de limpeza, passando posteriormente a despender mais tempo com dúvidas ou medo de que algo ruim possa acontecer por sua culpa e com rituais de verificação, enquanto os primeiros sintomas já quase não a afetam mais.

▌ O que são as dimensões de sintomas do TOC?

Como os sintomas do TOC são extremamente variados, alguns autores começaram a agrupá-los em fatores ou dimensões de obsessões e compulsões que se apresentam associadas com mais frequência. Assim, dentro da enorme diversidade sintomatológica, a maioria dos estudos aponta cinco dimensões principais. São elas: a dimensão de agressão; a dimensão sexual-religiosa; a dimensão de contaminação e limpeza; a dimensão de ordenação, simetria e contagem; e a dimensão de acumulação.

É interessante destacar que as dimensões agressiva e sexual-religiosa juntas são conhecidas como de pensamentos "proibidos" ou "tabu", em que o componente obsessivo é predominante, com menos compulsões – quando presentes, são geralmente de verificação – e muitos comportamentos de evitação. Já nas duas últimas (ordenação e acumulação) ocorre o contrário: o componente compulsivo predomina, havendo menos obsessões estruturadas e mais fenômenos sensoriais antecedendo os rituais. Já na dimensão de contaminação e limpeza, os dois componentes são mais equilibrados, ou seja, em geral há obsessões de contaminação ou sujeira associadas a compul-

> Dentro da enorme diversidade sintomatológica, a maioria dos estudos aponta cinco dimensões principais relacionadas ao TOC são as de agressão; sexual-religiosa; de contaminação e limpeza; de ordenação, simetria e contagem; e de acumulação.

sões de higiene, limpeza ou lavagem. Há, ainda, uma dimensão de obsessões e compulsões "diversas", que não se encaixam nas categorias anteriores, como palavras ou músicas intrusivas, medo de doenças não contagiosas, necessidade de se lembrar de certas coisas insignificantes, evitar números ou cores que dariam azar, entre outras.

Os sintomas do TOC são parecidos em diferentes países ou culturas?

O TOC é um quadro bastante uniforme em sua apresentação sintomatológica geral, tendo poucas variações nos diversos países e culturas. Assim, obsessões de contaminação/sujeira e agressão e rituais de limpeza/lavagem ou verificação são os mais comuns, independentemente de aspectos sociais, demográficos, econômicos e culturais. Entretanto, algumas variações no conteúdo das obsessões podem acontecer em razão de mudanças históricas e diferenças sociais ou culturais. Por exemplo, se, há mais tempo, as doenças mais temidas eram a tuberculose e a hanseníase, na década de 1980, a infecção por HIV e a Aids ocuparam um papel central entre as obsessões das pessoas com TOC, papel este que depois migrou para a gripe H1N1 e, mais recentemente, para a covid-19 e a dengue. Já em países mais religiosos, as obsessões sobre religião podem ser mais comuns.

Por outro lado, como discutimos anteriormente, uma das características mais marcantes do TOC é a grande variabilidade dos conteúdos dos sintomas. Assim, dentro desse núcleo mais fixo de manifestações, é um quadro extremamente heterogêneo, com incontáveis possibilidades de apresentações clínicas, o que torna o diagnóstico, algumas vezes, um desafio para os profissionais de saúde. Mesmo profissionais experientes frequentemente se deparam com manifestações obsessivo-compulsivas diferentes ou nunca vistas em sua prática clínica.

Quando e como começam os sintomas do TOC?

O TOC costuma se iniciar na adolescência ou no começo da idade adulta – quase 80% dos indivíduos apresentam os primeiros sintomas antes dos 25 anos de idade. Em aproximadamente 20% dos casos, os sintomas começam já na infância (ver Capítulo 6). A instalação dos sintomas costuma ser gradual, mas

> As incontáveis possibilidades de apresentações clínicas torna o diagnóstico, algumas vezes, um desafio para os profissionais de saúde.

ocasionalmente pode ocorrer de forma mais abrupta. Em geral, os sintomas não causam sofrimento ou impacto negativo significativo logo que surgem, apresentando-se por algum tempo de forma leve ou mesmo sem causar prejuízos tão nítidos. Assim, os critérios diagnósticos para TOC habitualmente são atingidos após alguns meses ou mesmo anos do início da sintomatologia.

Em geral, o quadro tende a começar mais precocemente no sexo masculino. Assim, na infância, encontramos o dobro de meninos acometidos em relação às meninas (ver Capítulo 6). Nos anos seguintes, porém, o número de casos no sexo feminino aumenta gradualmente, de modo que a distribuição por sexo na idade adulta é aproximadamente a mesma, ou seja, o número de homens e mulheres com TOC na população geral é semelhante ou até levemente superior em mulheres. Quando o início dos sintomas ocorre mais tardiamente (p. ex., após os 40 ou 50 anos de idade), é mais provável que estes sejam manifestações ou parte do quadro clínico de outro transtorno psiquiátrico primário (p. ex., episódio depressivo). O início após os 60 anos pode inclusive indicar um processo inicial de declínio cognitivo ou demência, ou alguma outra doença neurológica subjacente, como um acidente vascular cerebral (AVC) ou um tumor cerebral. Novamente, a avaliação clínica por um profissional da área médica é fundamental para estabelecer o diagnóstico e o tratamento adequados.

▌ E por que surgem os sintomas do TOC?

Essa questão será abordada em detalhes no Capítulo 5, mas em geral não há um único fator ou evento específico desencadeante do TOC. Qualquer que seja o acontecimento de vida, mesmo que traumático, este só vai contribuir para o desencadeamento do transtorno se a pessoa tiver alguma predisposição pessoal para isso. O TOC, como a maioria das doenças, sejam elas psiquiátricas ou não, envolve diversos fatores ambientais, bem como fatores genéticos ou familiares. Assim, quem tem um ou mais familiares com TOC tem mais chance de desenvolver o problema, mas isso não é uma sentença: nem sempre os descendentes de um portador apresentarão TOC, ou seja, em muitas famílias há casos isolados. Quando presentes em mais de uma pessoa da família, os sintomas podem inclusive ser bem diferentes, o que fala contra a simples "imitação" dos rituais compulsivos, e um familiar pode até desconhecer a existência do problema do outro, por sua característica secreta. Em suma, diversos fatores podem influenciar o surgimento ou não do TOC (ver Capítulo 5).

> Não há um único fator ou evento específico desencadeante do TOC. Qualquer que seja o acontecimento de vida, mesmo que traumático, este só vai contribuir para o desencadeamento do transtorno se a pessoa tiver alguma predisposição pessoal para isso.

O TOC é um problema grave? Há risco de agressão ou autoagressão?

A gravidade dos casos é muito variável, havendo desde casos leves até outros extremamente graves e limitantes, em que a pessoa passa a maior parte do dia envolvida com suas obsessões e compulsões. Assim, pode ser intenso o impacto negativo dos sintomas na qualidade de vida do indivíduo, nos seus relacionamentos e na sua capacidade produtiva, por gerarem muito sofrimento e tomarem um tempo considerável. Em geral, os portadores de TOC passam a evitar atividades e situações que possam lhes causar ansiedade ou medo e, assim, desencadear os rituais. Alguns, por exemplo, evitam ficar sozinhos com crianças ou manusear objetos cortantes, por medo dos próprios impulsos, enquanto outros evitam sair de casa, receber visitas ou frequentar a casa de outras pessoas, para não se contaminarem.

Ocasionalmente, o TOC pode ser bastante incapacitante, o que impede o indivíduo de estudar ou trabalhar e o faz depender de outras pessoas para realizar até as tarefas mais simples do dia a dia. Dessa forma, o indivíduo pode não conseguir nem mesmo tomar banho sozinho, cozinhar, ir ao supermercado ou buscar os filhos na escola, o que acaba acarretando extrema dependência de outras pessoas e, frequentemente, sentimentos de vergonha, culpa, desmoralização e baixa autoestima.

Cabe lembrar que os estímulos que desencadeiam os pensamentos indesejáveis e, por consequência, o mal-estar e as compulsões costumam ir se espalhando, tornando-se cada vez menos específicos. Assim, por exemplo, uma pessoa que tenha pavor de desenvolver câncer pode se sentir mal com tudo o que lembre essa doença. No início, pode evitar apenas o contato com hospitais, farmácias e pessoas doentes; depois, isso pode ir se generalizando para coisas parecidas ou relacionadas; até que, por exemplo, uma vizinha já não pode ser cumprimentada porque teve um familiar que morreu de câncer, e até mesmo a calçada da casa dela passa a ser evitada. Outra pessoa não gostava de ouvir falar em números menores que dez, porque ficava pensando que poderia morrer em breve, dentro daquele número de anos. No início, obrigava-se a fazer uma oração nessas situações, para "anular" ou "neutralizar" essa possibilidade. Em pouco tempo, outras palavras com sonoridade parecida com números (p. ex., dores, trem, quarto, cinto, sei,

> Em alguns casos, o TOC pode ser bastante incapacitante, o que impede o indivíduo de estudar ou trabalhar e o faz depender de outras pessoas para realizar até as tarefas mais simples do dia a dia.

sente, outro, novela) passaram também a gerar angústia e necessidade de ritualizar. Dessa forma, o desconforto acaba sendo mais facilmente desencadeado, e os rituais passam a ser ainda mais frequentes.

Quanto ao risco de agressão, pode-se dizer que, na grande maioria dos casos, ele é nulo ou muito baixo. Algumas vezes, o indivíduo pode demonstrar irritabilidade, impaciência ou até crises de raiva quando se vê diante de algum estímulo que lhe cause muito medo ou ansiedade, em geral seguidas de arrependimento e culpa por esses comportamentos indesejados.

Um aspecto fundamental é diferenciar obsessões agressivas (medo de agredir outra pessoa ou de se autoagredir) do desejo de agredir. Assim, são totalmente diferentes aqueles que têm medo de fazer determinada coisa impulsivamente e aqueles que desejam agir daquela forma. Os portadores de TOC não são pessoas perigosas, mas sim pessoas que temem se descontrolar e fazer algo indesejado "sem querer", tanto que evitam ao máximo as situações que podem estimular esse tipo de pensamento ou impulso obsessivo. Isso vale também para pensamentos relacionados a autoagressão ou suicídio: em geral, o indivíduo não quer se matar ou fazer nada contra si mesmo, mas teme perder o controle e cometer suicídio em determinadas situações, como em lugares altos, por exemplo. O profissional de saúde mental que acompanha o caso deve avaliar cuidadosamente esse diferencial entre obsessões agressivas e ideação suicida, que eventualmente pode estar presente, sobretudo em casos em que há outros quadros associados ao TOC, como o transtorno depressivo ou o transtorno de estresse pós-traumático (ver Capítulo 4).

▌O TOC afeta a inteligência da pessoa?

> Os pensamentos e comportamentos relacionados ao TOC não se devem à falta de força de vontade, tampouco se trata de tomar uma simples decisão lógica de deixar de pensar ou fazer determinadas coisas. O indivíduo se sente "obrigado" pelas emoções desagradáveis a agir dessa forma, mesmo se desgastando e fazendo as pessoas que mais ama sofrerem.

O TOC não tem nada a ver com o grau de inteligência ou escolaridade; como já ressaltado no Capítulo 2, é um quadro em que as emoções vencem a razão e acabam desencadeando as compulsões. Portanto, ter pensamentos ou comportamentos "ridículos" ou "bobos" não significa que a pessoa é "ridícula" ou "boba". Não é uma questão de falta de força de vontade, tampouco se trata de tomar uma simples decisão lógica de deixar de pensar ou fazer determinadas coisas. O indivíduo se sente "obrigado" pelas emoções desagradáveis a agir dessa forma, mesmo se desgastando e fazendo as pessoas que mais ama sofrerem. Na verdade, ele "pensa o que não quer pensar e faz o que não quer fazer"; portanto, é importante não o recriminar, nem o culpar por isso. Os rituais não são prazerosos para o indivíduo, apenas aliviam por algum tempo seu desconforto, infelizmente perpetuando ou agravando o problema. É habitual termos que explicar aos familiares que não se trata de um "capricho", de uma "manha" ou de um simples desejo do portador do TOC, mas que há muito sofrimento envolvido.

O rendimento intelectual e, consequentemente, o desempenho escolar e a capacidade laboral podem ser afetados, mas em geral isso ocorre em casos de gravidade moderada ou alta, ou em períodos de agravação dos sintomas. Nestes, a concentração pode ser prejudicada pela frequência das obsessões, e a capacidade de executar adequadamente tarefas domésticas, escolares ou profissionais pode ser comprometida pela intensidade e pela duração dos rituais compulsivos.

Como evoluem e quanto tempo duram os sintomas?

A maioria dos casos evolui de forma crônica e "flutuante", ou seja, a tendência é que os sintomas tenham longa duração, melhorando e piorando naturalmente, mesmo sem tratamento específico. Assim, o curso dos sintomas não é estável, podendo haver períodos em que o incômodo é menor e outros em que é maior. É bem mais rara a evolução episódica, em que os sintomas incomodam por um certo tempo e depois desaparecem por completo durante outro período, podendo ressurgir posteriormente. Dificilmente, porém, o transtorno desaparece de forma definitiva por conta própria, ou seja, sem tratamento específico. Com o passar do tempo, os rituais também podem ficar mais fixos ou "sedimentados", como se fossem hábitos, mas não ocorre necessariamente uma piora progressiva.

Nas mulheres, pode haver piora em períodos específicos, como na fase pré-menstrual, na gravidez e no pós-parto. Uma manifestação relativamente comum no puerpério, por exemplo, é o medo de que aconteça algo ruim com o recém-nascido, associado a rituais de verificação de que a criança está mesmo bem. Outro sintoma é o medo de agredir o

> A maioria dos casos evolui de forma crônica e "flutuante", ou seja, a tendência é que os sintomas tenham longa duração, melhorando e piorando naturalmente, mesmo sem tratamento específico.

bebê, associado a comportamentos de evitação, como evitar ficar sozinha com a criança, dar banho ou trocar fraldas. Esse aparecimento de sintomas obsessivo-compulsivos também é relatado em homens após o nascimento de um bebê.

Habitualmente, as fases de vida mais estressantes, com mais problemas e preocupações associam-se à piora dos sintomas. Curiosamente, entretanto, pode haver piora diante de acontecimentos positivos que gerem muita emoção e melhora em momentos difíceis. Uma portadora de TOC, por exemplo, com graves obsessões de contaminação e rituais de limpeza, teve significativa diminuição dos sintomas quando precisou cuidar de seu pai, que ficou acamado por vários meses devido a um câncer. A melhora, neste caso, provavelmente ocorreu porque ela foi obrigada, pelas circunstâncias, a enfrentar seus medos obsessivos. Na verdade, pessoas com TOC muitas vezes nos surpreendem ao enfrentar problemas reais adequadamente, enquanto ficam fragilizadas e impotentes diante de seus medos irracionais ou "imaginários".

A pandemia da covid-19 afetou a evolução dos sintomas de TOC?

A pandemia da covid-19, que teve início em março de 2020, foi uma experiência inédita para todos nós e muito estressante ou assustadora para a maioria das pessoas, porque havia o risco real de contaminação por um vírus pouco conhecido e potencialmente letal. Assim, muitas pessoas que nunca tinham tido sintomas de TOC passaram a ter pensamentos recorrentes de medo ou dúvida sobre contaminação, comportamentos repetidos de limpeza e desinfecção de objetos, além de evitar ao máximo sair de casa ou ter contato físico com outras pessoas, tudo muito justificável pela gravidade da situação e até mesmo por recomendação das autoridades sanitárias. No entanto, a intensidade do medo e desses comportamentos variou muito de pessoa para pessoa, algumas com precauções bastante razoáveis e outras com medidas um tanto excessivas, mesmo após o desenvolvimento das vacinas e a melhora da situação epidemiológica. Compreensivelmente, alguns grupos foram mais afetados, como profissionais da área da saúde, pessoas com doenças crônicas que aumentavam os riscos associados ao coronavírus e mulheres na gravidez ou no puerpério. De certa forma, foi uma oportunidade para que todas as pessoas tivessem uma ideia de como se sentem os portadores de TOC que apresentam obsessões de contaminação e compulsões de limpeza – com a ressalva de que, no TOC, tais preocupações e rituais não se justificam, ou seja, não são realísticos.

Para as pessoas que já tinham sintomas de TOC, o impacto da pandemia variou bastante, tendendo a piorar levemente, sobretudo nos primeiros meses da pandemia e naqueles que já apresentavam sintomas da dimensão de contaminação-

-limpeza. Por outro lado, alguns portadores podem ter se sentido mais aceitos, validados e legitimados em seus medos, e, para aqueles que já evitavam sair de casa e frequentar alguns ambientes, o distanciamento social pode ter trazido uma justificativa, aliviando temporariamente a ansiedade ou culpa. Tivemos relatos de portadores de TOC que disseram: *"Eu já sabia que tínhamos que passar muito álcool gel nas mãos"*, ou *"Finalmente não temos que cumprimentar as pessoas com as mãos ou com beijos"*.

A pandemia interferiu também no acompanhamento dos casos, que durante vários meses teve que ser feito apenas por consultas virtuais. Se isso trouxe uma alternativa muito interessante de acesso remoto aos atendimentos psicológicos e psiquiátricos, modalidade agora bastante aceita e valorizada, no início pode ter causado a interrupção temporária do acompanhamento em vários casos, com prováveis prejuízos ou agravações. As orientações de exposição a situações temidas, que são a base das psicoterapias comportamentais (ver Capítulo 8), podem ter ficado confusas em relação às obsessões de contaminação, já que fomos todos orientados na direção contrária, de proteção e evitação. De toda forma, estudos indicam que, felizmente, a continuidade do tratamento favoreceu a estabilização dos sintomas não apenas obsessivo-compulsivos, mas também ansiosos e depressivos, durante todo o período mais crítico da pandemia.

É comum a pessoa ter mais de um diagnóstico quando tem TOC?

Além de ser um quadro muito heterogêneo, ou seja, com sintomas muito variados, o TOC frequentemente se apresenta associado a outros transtornos mentais, denominados "comorbidades". Esse tema será tratado com detalhes no Capítulo 4.

Os transtornos psiquiátricos que mais comumente "andam junto" com o TOC são a depressão e os transtornos ansiosos, como as fobias, o transtorno de pânico e o transtorno de ansiedade generalizada. Uma questão importante – nem sempre uma tarefa fácil – é saber diferenciar os sintomas que são desses outros transtornos das manifestações próprias do TOC. Assim, por exemplo, não cabe um diagnóstico adicional de fobia de altura quando o medo do indivíduo é de perder o autocontrole em lugares altos (impulso obsessivo), ou de fobia de sangue, injeção e ferimentos quando

> Os transtornos psiquiátricos que mais comumente "andam junto" com o TOC são a depressão e os transtornos ansiosos, como as fobias, o transtorno de pânico e o transtorno de ansiedade generalizada.

uma pessoa com TOC apresenta uma crise de pânico diante de um estímulo que desencadeia os pensamentos obsessivos (p. ex., mancha de sangue gerando medo de contaminação pelo HIV). Por outro lado, os medicamentos indicados para o tratamento do TOC podem reduzir também os sintomas depressivos ou ansiosos, quando eventualmente associados (ver Capítulos 4 e 7). Para fazer corretamente esse diagnóstico diferencial, é necessária uma avaliação de um profissional capacitado da área da saúde.

▎ É fácil fazer o diagnóstico de TOC?

Nem sempre, justamente porque os sintomas são muito variados, podem mudar ao longo do tempo, podem ser secretos e com frequência se associam a outros quadros, como transtornos depressivos e ansiosos. Além disso, os sintomas de TOC podem ser parecidos com os sintomas de outros transtornos mentais, como os transtornos de controle de impulsos, transtornos alimentares, transtorno de estresse pós-traumático, transtornos de tiques, etc.

É importante lembrar, ainda, que obsessões e compulsões não são sintomas exclusivos do TOC, podendo ocorrer em pessoas sem nenhum diagnóstico psiquiátrico (sintomas subclínicos), bem como em pessoas que apresentam outros transtornos psiquiátricos (p. ex., quadros depressivos, esquizofrênicos ou demenciais, que não cabe aqui descrever), ao lado de outras manifestações clínicas. Portanto, a presença de obsessões e compulsões não significa necessariamente que a pessoa tenha TOC; somente um especialista pode fazer o diagnóstico diferencial, confirmando ou não o diagnóstico. Identificar corretamente o problema é, sem dúvida, o primeiro passo na direção de enfrentá-lo adequadamente.

▎ O indivíduo costuma resistir ao tratamento?

Infelizmente, isso acontece com alguma frequência, por vários motivos. Além da vergonha e do medo, alguns portadores podem não saber que o TOC é um problema de saúde, nem mesmo que é tratável. Todos esses fatores podem contribuir para que, na maioria das vezes, a procura por tratamento demore muito tempo. Em média, os portadores levam de 5 a 7 anos desde o surgimento dos sintomas até que busquem ajuda profissional, havendo casos extremos em que a demora pode

> A presença de obsessões e compulsões não significa necessariamente que a pessoa tenha TOC; somente um especialista pode fazer o diagnóstico diferencial, confirmando ou não o diagnóstico.

chegar a décadas, ou mesmo nunca ocorrer. Alguns portadores acreditam, dada a cronicidade dos sintomas, que estes façam parte de sua personalidade ou do seu "jeito de ser" e que devem conviver com eles por toda a vida. Uma pessoa, por exemplo, procurou ajuda após quase 50 anos de sintomas e somente quando estes pioraram, pois começou a achar que morreria na mesma idade que seus irmãos faleceram e "não desligava" esse pensamento por nada. Algumas pessoas com TOC resistem aos tratamentos porque temem os efeitos colaterais dos medicamentos ou o enfrentamento das situações temidas, só o fazendo quando apresentam algum outro sintoma sobreposto (p. ex., sintomas depressivos ou crises de pânico). O agravamento de problemas familiares e de dificuldades no trabalho ou na escola também pode motivar a procura por tratamento. Esse aspecto da resistência a buscar ajuda profissional será abordado no Capítulo 13.

Em alguns casos, portanto, a busca por tratamento não se dá em decorrência dos sintomas do TOC, nem é o psiquiatra o especialista inicialmente procurado. Por exemplo, dermatologistas podem ser consultados por causa de dermatites crônicas secundárias aos rituais envolvendo diversos produtos de limpeza; oncologistas ou infectologistas, pelo medo obsessivo de estar com câncer ou contaminado por algum vírus ou bactéria; e mesmo dentistas, por sangramentos gengivais ou problemas na articulação temporomandibular devidos à escovação demorada e excessiva. Outras vezes, o indivíduo procura ajuda por causa de sintomas depressivos, mas estes estão associados ao quadro inicial de TOC, ou seja, são secundários ao TOC.

Como a família deve lidar com uma pessoa que tenha TOC?

Não é raro os indivíduos com TOC solicitarem ajuda dos familiares para a realização dos rituais e toda a rotina familiar acabar se adaptando aos sintomas do portador. Para evitar conflitos, alguns membros da família cedem ou se envolvem demais nos rituais, tornando-se verdadeiros cúmplices que, involuntariamente, contribuem para a manutenção ou o agravamento do problema. Dessa forma, alguns familiares concordam em não receber visitas, separar talheres e pratos para uso exclusivo do indivíduo, responder mil vezes as mesmas perguntas, e assim por

> Algumas pessoas com TOC resistem aos tratamentos porque temem os efeitos colaterais dos medicamentos ou o enfrentamento das situações temidas, só o fazendo quando apresentam algum outro sintoma sobreposto, como sintomas depressivos ou crises de pânico.

> Além de estimular a pessoa a se tratar, os familiares devem procurar sempre se informar sobre o problema e participar ativamente do tratamento.

diante. Esse fenômeno, conhecido como "acomodação familiar", vem sendo muito estudado no TOC e é considerado um dos principais fatores que interferem negativamente na evolução do quadro (ver Capítulo 8).

Além de estimular a pessoa a se tratar, os familiares devem procurar sempre se informar sobre o problema e participar ativamente do tratamento. Há vários estudos mostrando que a sobrecarga emocional de familiares de pessoas com TOC pode ser considerável e que esta se correlaciona com o nível de acomodação aos sintomas, ou seja, quanto mais acomodação, mais sofrimento. Conversar constantemente com os profissionais que acompanham o portador e, se possível, participar de grupos com outros familiares de portadores costumam ser ações muito úteis para todos (ver Capítulos 6, 8 e 9).

Outro aspecto importante é diferenciar os comportamentos de esquiva compreensíveis no contexto do TOC de comportamentos relacionados a certas características de personalidade, que envolvem a evitação, consciente ou não, de algumas responsabilidades pessoais. Essa linha divisória costuma ser de difícil demarcação, gerando nos familiares muitas dúvidas sobre até que ponto podem ou devem estimular o indivíduo ou cobrar dele o cumprimento de algumas obrigações. Novamente, os profissionais que acompanham o caso devem orientar adequadamente a família sobre a melhor forma de ajudar cada pessoa.

▌ Considerações finais

Mesmo que os indivíduos tenham apresentação sintomatológica semelhante, cada um reage ao problema de forma própria, conforme seu temperamento, seu jeito de ser e sua história de vida: não há duas pessoas iguais, mesmo que tenham os mesmos sintomas. Assim, o manejo de cada caso exige uma individualização, levando-se em consideração, ainda, todo o contexto familiar e social, que é sempre único. No Capítulo 8, "Tratamento comportamental do transtorno obsessivo-compulsivo", descrevemos com mais detalhes o papel e a importância dos familiares na ajuda com o tratamento.

Capítulo **4**

Transtornos associados e relacionados ao TOC

Daniel Lucas da Conceição **Costa**
Igor **Studart**
Afonso **Fumo**
Katia R. Oddone **Del Porto**
José Alberto **Del Porto**
Roseli Gedanke **Shavitt**
Eurípedes Constantino **Miguel**
Albina Rodrigues **Torres**

A maioria das pessoas que têm transtorno obsessivo-compulsivo (TOC) pode apresentar também, ao longo da vida, outros transtornos associados, as chamadas comorbidades psiquiátricas. Para se ter uma ideia, em um estudo com 1.000 pacientes adultos que participaram do protocolo de estudos do Consórcio Brasileiro de Pesquisa em Transtornos do Espectro Obsessivo-Compulsivo (C-TOC), acompanhados em oito centros universitários do país, 92% apresentavam ou já haviam apresentado algum outro transtorno mental associado. Esse achado de alta frequência de comorbidades é a regra também em estudos conduzidos em diversos países.

A identificação dos transtornos mentais associados ao TOC é muito importante, pois eles podem impactar a apresentação, a gravidade e a evolução clínica dos sintomas do TOC, assim como a qualidade de vida do indivíduo, a procura (ou não) por tratamento e a resposta terapêutica. Alguns transtornos tendem a surgir antes do início dos sintomas do TOC, como o transtorno de ansiedade de separação, o transtorno de déficit de atenção/hiperatividade, transtornos de tiques e fobias específicas; outros costumam

> A maioria das pessoas que têm TOC pode apresentar também, ao longo da vida, outros transtornos associados, as chamadas comorbidades psiquiátricas.

começar depois que os sintomas obsessivo-compulsivos se manifestaram, como depressão, transtorno de pânico e transtornos por uso de álcool e drogas. Alguns desses transtornos podem favorecer a busca por tratamento, como o transtorno de pânico, enquanto outros podem dificultar a procura por ajuda profissional, como o transtorno de ansiedade social. Os transtornos ansiosos e depressivos são as comorbidades mais frequentes, mas outros também serão descritos brevemente a seguir.

Há, ainda, outros transtornos que são classificados atualmente como "relacionados ao TOC", por apresentarem algumas semelhanças em relação a sintomas, padrão de evolução clínica, história familiar ou resposta ao tratamento, e serão descritos na segunda parte deste capítulo.

Transtornos que podem se associar ao TOC (comorbidades)

Transtorno depressivo

Os transtornos do humor, em especial a depressão, apresentam-se em comorbidade com o TOC em taxas que variam entre 50 e 70% dos casos. A associação do TOC com depressão ou transtorno depressivo maior (TDM) em geral implica início mais precoce do TOC, maior gravidade do quadro, aumento da incapacitação funcional, maior cronicidade, maior número de outras comorbidades, maior risco de tentativas de suicídio e maior refratariedade ao tratamento.

Segundo a Classificação Internacional de Doenças (CID-11), a depressão é caracterizada por um período de humor depressivo (ou triste), que ocorre diária ou quase diariamente e/ou pela diminuição do prazer ou interesse em todas ou quase todas as atividades, tendo duração de pelo menos duas semanas. Esses sintomas devem estar acompanhados de outros, como dificuldade de concentração, sentimentos de inutilidade ou culpa excessiva ou inadequada, desesperança, pensamentos recorrentes de morte ou suicídio, alterações no apetite ou no sono, agitação ou retardo psicomotor e redução da energia ou sensação de fadiga. Muitas vezes, o TDM se apresenta em curso crônico ou com episódios recorrentes de gravidade leve, moderada ou intensa. Pode, eventualmente, ter sintomas psicóticos, como delírios (crenças falsas).

> Os transtornos do humor, em especial a depressão, apresentam-se em comorbidade com o TOC em taxas que variam entre 50 e 70% dos casos.

Os sintomas depressivos, na maioria dos casos, se desenvolvem no decorrer do TOC, ou seja, secundariamente aos sintomas obsessivo-compulsivos (SOCs).

Alguns autores atribuem a alta prevalência dos sintomas depressivos entre as pessoas com TOC ao sofrimento e às limitações causadas pelo TOC: desesperança, desmoralização, falta de sentido na vida, impotência para lidar com os sintomas, etc. Corrobora essa hipótese o fato de que quanto mais graves são os sintomas do TOC, maior é o risco de os indivíduos desenvolverem depressão. Os sintomas de esquiva e as obsessões religiosas, em especial, têm sido associados ao aumento dos escores de depressão. Assim, o TOC pode causar, ou agravar, a depressão devido aos seus efeitos sobre o funcionamento cognitivo e social. A autoavaliação negativa, assim como os sentimentos de desesperança e impotência diante dos SOCs, contribui em muito para o desenvolvimento da depressão. Compreensivelmente, a baixa autoestima e o isolamento social (devido aos rituais e comportamentos de evitação) agravam o quadro depressivo e o comprometimento da funcionalidade dos indivíduos com TOC, prejudicando a sua qualidade de vida.

Em sua maioria, os autores convergem em afirmar que a redução dos escores do TOC induz à melhora da depressão de forma mais acentuada (cerca de 65% de melhora dos sintomas depressivos) do que o contrário (a melhora dos sintomas depressivos contribuiria com não mais de 20% da melhora dos SOCs).

Embora o ônus acarretado pelo TOC possa compreensivelmente levar à depressão, outros fatores podem contribuir para essa comorbidade. Nessa linha, encontram-se estudos sobre genes compartilhados entre ambas as condições (possível predisposição genética comum), além de outros fatores de risco compartilhados entre ambos os transtornos (fatores estressantes, abuso/negligência na infância, desregulação do eixo hipotálamo-hipofisário, etc.). O tratamento do TOC com depressão associada inclui diferentes modalidades de intervenção. Os principais medicamentos para o tratamento do TOC são os "antidepressivos" (entre aspas porque não são apenas antidepressivos) do grupo dos inibidores seletivos de recaptação da serotonina (ISRS); a clomipramina (um antidepressivo tricíclico) foi – e ainda é – muito utilizada para tratar essa condição (ver Capítulo 7). Levando-se em consideração que são potentes antidepressivos, esses medicamentos são indicados para tratar a comorbidade entre TOC e depressão. Embora a redução da gravidade dos sintomas do TOC possa, por si, reduzir os sintomas depressivos, recomendam-se técnicas de terapia cognitivo-comportamental (TCC) específicas para lidar com tais sintomas. A falta de motivação e os pensamentos negativos precisam ser trabalhados para o melhor engajamento na terapia,

> Alguns autores atribuem a alta prevalência dos sintomas depressivos entre as pessoas com TOC ao sofrimento e às limitações causadas pelo TOC: desesperança, desmoralização, falta de sentido na vida, impotência para lidar com os sintomas, etc.

que muitas vezes é feita em associação com o tratamento farmacológico, para maior eficácia de ambas as abordagens.

Estratégias complementares ou adicionais também podem ser utilizadas. A cetamina e a escetamina têm sido amplamente empregadas para o tratamento das depressões resistentes e para aquelas associadas ao risco de suicídio. Apesar dos resultados promissores, há necessidade de melhores estudos, e os efeitos parecem ser transitórios. A estimulação magnética transcraniana (EMT) está aprovada nos Estados Unidos para o tratamento do TDM e para o TOC (ver Capítulo 11). Para a depressão, é geralmente usada como uma abordagem complementar aos antidepressivos. Já para o TOC, há menos evidências quanto à sua indicação, sendo os resultados contraditórios. Assim, há necessidade de mais estudos a respeito da utilidade da EMT para a comorbidade de TOC e depressão. A eletroconvulsoterapia (ECT) é amplamente reconhecida como um tratamento eficaz e seguro para a depressão resistente; no tocante ao TOC, os dados são escassos. Eventualmente, a ECT pode ser usada quando o TDM for grave e resistente aos tratamentos usuais, tendo como foco primário a depressão. A estimulação cerebral profunda (DBS, do inglês *deep brain stimulation*) foi aprovada nos Estados Unidos para o tratamento do TOC grave e refratário. No entanto, mesmo para a depressão, os resultados não têm sido muito animadores, demorando às vezes um ano para os efeitos se manifestarem, e ainda assim para apenas uma parcela dos pacientes estudados, que permanecem em uso de medicamentos concomitantes.

Em resumo, as estratégias para o tratamento da associação entre TOC e depressão incluem, além de medidas gerais voltadas ao estilo de vida (ver Capítulo 10), o uso de medicamentos (de preferência ISRS, eventualmente associados a antipsicóticos atípicos, como o aripiprazol) e psicoterapia cognitivo-comportamental (ver Capítulos 7 e 8). Podem, ainda, ser adotadas estratégias adicionais, como aquelas dirigidas às depressões resistentes (em especial, cetamina ou escetamina, ECT e EMT), principalmente quando se observa um curso independente da depressão em relação ao TOC. Há que se destacar que, na maior parte das vezes, a melhora do TOC está associada à melhora dos sintomas depressivos. Pode ser esclarecedor perguntar ao paciente como ele acredita que ficariam seus sintomas depressivos caso os sintomas do TOC melhorassem. A estimulação cerebral profunda é reservada para situações excepcionais, assim como outras intervenções neurocirúrgicas (ver Capítulo 11).

> As estratégias para o tratamento da associação entre TOC e depressão incluem, além de medidas gerais voltadas ao estilo de vida, o uso de medicamentos (de preferência ISRS, eventualmente associados a antipsicóticos atípicos, como o aripiprazol) e psicoterapia cognitivo-comportamental.

Transtornos de ansiedade

Os transtornos de ansiedade, como grupo, são os mais frequentemente associados ao TOC. Isso ocorre porque a ansiedade é uma característica comum tanto do TOC quanto dos transtornos de ansiedade. Conforme já descrevemos nos Capítulos 1 e 2, o

> Os transtornos de ansiedade, como grupo, são os mais frequentemente associados ao TOC. Isso ocorre porque a ansiedade é uma característica comum tanto do TOC quanto dos transtornos de ansiedade.

ciclo típico do TOC envolve as obsessões, que causam um grande incômodo, muitas vezes descrito como ansiedade, e a realização de compulsões, que têm a função de aliviar esse incômodo.

Tamanha é a importância da ansiedade como manifestação clínica do TOC que, até 2013, o TOC era listado como um transtorno de ansiedade nas duas principais classificações diagnósticas utilizadas por nós, psiquiatras: o *Manual diagnóstico e estatístico de transtornos mentais* (DSM), da Associação Americana de Psiquiatria, e a Classificação Internacional de Doenças (CID), da Organização Mundial de Saúde. Atualmente, o DSM e a CID incluem o transtorno de ansiedade de separação, o transtorno de ansiedade generalizada, o transtorno de pânico, a agorafobia, as fobias específicas e o transtorno de ansiedade social (antes conhecido como fobia social) entre os transtornos de ansiedade.

O transtorno de ansiedade de separação caracteriza-se por um medo excessivo ou muita ansiedade quando a pessoa se separa de casa ou das pessoas queridas, como, por exemplo, crianças que temem ir à escola ou a algum outro lugar em que ficariam longe dos pais. Esse medo é desproporcional à situação e causa grande sofrimento. Pessoas com transtorno de ansiedade generalizada apresentam preocupações constantes, excessivas e incontroláveis sobre diversos aspectos do dia a dia, como trabalho, saúde e finanças. A pessoa sente-se sempre tensa, cansada e com dificuldades de concentração. No transtorno de pânico, episódios repentinos de medo intenso são acompanhados de diversos sintomas físicos, como palpitações, suor excessivo, falta de ar, dor no peito, tontura, ondas de frio e calor, tremores e formigamentos, além de sensação de estranhamento do ambiente ou de si mesmo. Em geral, quem sofre um ataque de pânico, que dura em média de 10 a 20 minutos, acredita que está prestes a morrer, pois interpreta os sintomas físicos como manifestações de um infarto agudo do miocárdio, por exemplo, o que faz a pessoa buscar ajuda no pronto-socorro. Outro comportamento comum observado em quem tem transtorno de pânico é começar a evitar lugares onde já teve ou teme ter novos ataques de pânico. Já a agorafobia, que é muito associada ao transtorno de pânico, caracteriza-se por um medo intenso de estar em lugares ou situações das quais seria difícil escapar ou receber ajuda em caso de mal-estar ou de um ataque de pânico. Isso pode levar a evitar lugares como supermercados, cinemas, transportes públicos, viagens, espaços abertos e mesmo ficar em casa sozinho. Quem tem fobia específica sente um medo extremo e irracional de objetos ou situações específicas, como alturas, lugares fechados, chuva, animais, insetos, sangue ou injeções. A pessoa faz de tudo para evitar o objeto ou a situação temida, mesmo reconhecendo que o medo é exagerado e injustificado. Por fim, pessoas com transtorno de ansiedade social sentem um medo intenso de situações sociais ou de desempenho, nas quais teme ser julgada ou humilhada. Isso pode levá-la a evitar interações sociais e comprometer sua vida profissional ou acadêmica, já que ela tende a evitar falar ou se apresentar em público, comer ou escrever na frente de outras pessoas, ir a festas, conversar com pessoas estranhas, receber visitas, etc.

As semelhanças entre os transtornos de ansiedade e o TOC não se restringem apenas às manifestações clínicas. Hoje, sabemos que portadores dessas duas condições apresentam disfunções em algumas regiões cerebrais específicas, como a amígdala, uma pequena estrutura em forma de amêndoa localizada no lobo temporal medial. A amígdala é considerada uma estrutura primitiva do cérebro e faz parte do sistema límbico, que é uma das partes mais antigas do cérebro em termos de evolução. As estruturas primitivas, como a amígdala, são responsáveis por funções básicas e essenciais à sobrevivência, como a regulação das emoções e das respostas ao estresse e ao perigo. A amígdala, em particular, é crucial para a percepção e a reação a ameaças, ajudando os organismos a responderem rapidamente a situações que podem representar perigo, característica fundamental para a sobrevivência ao longo da evolução. Além disso, ela influencia o sistema nervoso autônomo, regulando respostas fisiológicas ao estresse e à ameaça, como o aumento da frequência cardíaca e a liberação de hormônios do estresse. Tentando traduzir para uma linguagem menos técnica, podemos dizer que o sistema cerebral responsável por detectar perigo em portadores de TOC e transtornos de ansiedade está em pane, de modo que situações corriqueiras da vida são vistas como potenciais catástrofes. Diz-se que há uma disfunção nos circuitos cerebrais que regulam o medo, tanto para situações mais compreensíveis, como a separação de um ente querido (ansiedade de separação) e o medo antecipado de ir mal em uma prova (transtorno de ansiedade generalizada), até o medo de morrer

> Pessoas com transtorno de ansiedade social sentem um medo intenso de situações sociais ou de desempenho, nas quais teme ser julgada ou humilhada.

ou ficar louco (transtorno do pânico) e pensamentos que não fazem sentido, como no TOC.

Os tratamentos recomendados para o TOC e para os transtornos de ansiedade são também bastante semelhantes. Ambos focam em reduzir os sintomas e melhorar a qualidade de vida dos portadores por meio de abordagens combinadas, incluindo medicamentos, psicoterapia e outras intervenções complementares. O tratamento farmacológico de primeira linha é feito com os ISRS, medicamentos que ajudam a aumentar os níveis de serotonina no cérebro, um neurotransmissor que regula o humor e a ansiedade (ver Capítulo 7). Em relação à psicoterapia, a TCC, que inclui técnicas de exposição e prevenção de resposta (EPR), é amplamente utilizada para tratar o TOC e os transtornos de ansiedade. De forma breve, a TCC propõe expor o indivíduo gradualmente às situações que desencadeiam sua ansiedade ou suas obsessões, sem permitir que ele realize os comportamentos compulsivos ou evitativos que normalmente usa para aliviar a ansiedade (ver Capítulo 8). Ela ajuda o indivíduo a identificar e modificar padrões de pensamento distorcidos e comportamentos disfuncionais. Técnicas cognitivas, que incluem a reestruturação cognitiva, na qual a pessoa aprende a desafiar pensamentos irracionais e substituí-los por pensamentos mais realistas e equilibrados, também podem ajudar a reduzir os sintomas de portadores de TOC e ansiedade. Como discutido no Capítulo 10, outras intervenções recomendadas incluem atividade física e *mindfulness*. O exercício físico regular pode ajudar a reduzir os sintomas de ansiedade e depressão. Atividades como caminhada, corrida, natação ou yoga podem ser benéficas. Práticas de *mindfulness* ajudam os indivíduos a se concentrarem no presente, reduzindo a ruminação, a preocupação e a ansiedade. Essas práticas promovem maior aceitação dos pensamentos e emoções sem julgá-los. Por fim, técnicas como respiração consciente, relaxamento muscular progressivo e visualização podem ajudar a reduzir a tensão e a ansiedade.

> Práticas de *mindfulness* ajudam os indivíduos a se concentrarem no presente, reduzindo a ruminação, a preocupação e a ansiedade. Essas práticas promovem maior aceitação dos pensamentos e emoções sem julgá-los.

Transtorno de estresse pós-traumático

O TOC tem uma origem complexa e multifatorial, o que significa que várias coisas podem contribuir para o seu desenvolvimento (ver Capítulo 5). Entre estas, experiências traumáticas, especialmente quando precoces, podem aumentar o risco para diversos transtornos mentais, incluindo o TOC. Na verdade, muitos portadores relatam experiências adversas antes do início do quadro. Quando uma pessoa passa por eventos traumáticos, como abuso, acidente, assalto, sequestro,

> Experiências traumáticas, especialmente quando precoces, podem aumentar o risco para diversos transtornos mentais, incluindo o TOC.

estupro, incêndio, deslizamento de terra ou outras situações extremas, essas experiências ameaçadoras podem deixar marcas profundas na sua saúde mental.

Dados do C-TOC mostram a importância de entender o papel dos eventos traumáticos na origem do TOC. Esses dados revelam que uma porcentagem considerável de pessoas com TOC (19%) também têm transtorno de estresse pós-traumático (TEPT). O TEPT é um transtorno mental crônico que pode se desenvolver após a pessoa vivenciar ou testemunhar um evento traumático, ocorrendo em aproximadamente 30% dos casos. Pessoas com TEPT podem reviver o evento traumático por meio de pesadelos e *flashbacks*, sentir-se isoladas, ter dificuldades para dormir ou se concentrar, estar sempre muito vigilantes e sobressaltadas, ou desesperançadas, apáticas e sem interesse pelas coisas de que antes gostavam.

A relação entre TOC e TEPT é significativa, uma vez que estudos mostram que pessoas que desenvolvem TOC após ter TEPT apresentam um quadro clínico mais grave. Isso inclui maior gravidade em todas as dimensões de sintomas do TOC, mais obsessões e sintomas ansiosos e depressivos, maior risco de suicídio e taxas aumentadas de comorbidade com outros transtornos de humor, ansiedade, somatoformes e de controle de impulsos. Além disso, há uma sobreposição de sintomas, já que nas duas condições há pensamentos intrusivos indesejados que geram intenso mal-estar, avaliação exagerada de riscos, sensação de vulnerabilidade e comportamentos evitativos. Entretanto, no caso do TEPT, tais pensamentos e comportamentos são sempre relacionados à experiência traumática vivida, como evitar lugares, atividades, pessoas ou conversas que lembram o trauma.

O tratamento farmacológico do TEPT é muito variado, dependendo do conjunto de sintomas mais relevantes em cada caso, podendo incluir ansiolíticos, antidepressivos, antipsicóticos (neurolépticos) e estabilizadores de humor. Entre os tratamentos psicoterápicos para o TEPT há várias abordagens eficazes, como o EMDR (*eye movement desensitization and reprocessing*), e outras que apresentam resultados promissores, como experiência somática, terapia comportamental dialética e *brainspotting*.

Transtorno de déficit de atenção/hiperatividade

Outra comorbidade comum em pessoas com TOC é o transtorno de déficit de atenção/hiperatividade (TDAH), que consiste em um padrão persistente de falta de atenção, hiperatividade-impulsividade – ou os dois. Esse padrão compromete o funcionamento em várias áreas importantes, como a aprendizagem, as relações sociais e o trabalho. Os primeiros sintomas de pessoas com TDAH em geral são notados na infância.

> O TDAH consiste em um padrão persistente de falta de atenção, hiperatividade-impulsividade – ou os dois. Esse padrão compromete o funcionamento em várias áreas importantes, como a aprendizagem, as relações sociais e o trabalho.

A desatenção dos portadores de TDAH é caracterizada por diminuição do foco em atividades realizadas, falhas por falta de cuidado, não conseguir manter a atenção quando é necessária, como é o caso da sala de aula, durante a leitura de um livro ou mesmo assistindo a um programa de televisão. Qualquer estímulo externo é capaz de distrair quem tem TDAH, resultando na interrupção imediata da tarefa e na perda do rumo da atividade iniciada. Os professores reclamam que as crianças com TDAH não seguem as orientações dadas por eles, não finalizam o trabalho de casa e, às vezes, parecem não escutar quando falam com elas. Pessoas adultas com TDAH falham no cumprimento de tarefas importantes, como esquecer de pagar contas e não cumprir compromissos agendados. Os sintomas de desatenção podem estar ou não associados a sintomas de hiperatividade e impulsividade, que se caracterizam por atividade frequente e incansável, como não conseguir se manter quieto, mesmo quando necessário. Durante as aulas, por exemplo, as crianças se levantam constantemente dos seus assentos, interrompem os professores ou colegas e mexem no material escolar dos colegas sem autorização. Normalmente, não conseguem esperar por sua vez e, muitas vezes, podem apresentar irritabilidade. Devido à falta do diagnóstico na infância, alguns adultos não sabem que têm TDAH e, nesses casos, se acham impossibilitados de manter uma organização pessoal, permanecer em um emprego e manter rotinas diárias, como acordar cedo, chegar na hora certa ao trabalho e manter uma constância de produtividade.

Assim, o TDAH é uma condição que se inicia na infância, sendo os sintomas notados geralmente nos primeiros anos escolares. Alguns portadores, na adolescência, podem ter variação do padrão da hiperatividade, passando a apresentar inquietação e impaciência e menos hiperatividade motora. Dados estatísticos mostram que cerca de três quartos dos pacientes com diagnóstico de TDAH são identificados na idade adulta.

Estudos indicam que mais de um terço dos indivíduos com TOC também apresentam TDAH, sendo que aqueles que apresentam as duas condições tendem a desenvolver mais cedo o TOC, têm maior gravidade e prognóstico menos favorável em relação

> Estudos indicam que mais de um terço dos indivíduos com TOC também apresentam TDAH, sendo que aqueles que apresentam as duas condições tendem a desenvolver mais cedo o TOC, têm maior gravidade e prognóstico menos favorável em relação aos indivíduos sem TDAH.

aos indivíduos sem TDAH. A impulsividade pode ocorrer nas duas condições, e isso pode, de certa forma, confundir os clínicos durante as avaliações iniciais, pois a impulsividade do TDAH pode ser confundida com as compulsões do TOC. Na compulsão, os pacientes apresentam atividades repetitivas com pouca variabilidade, enquanto a impulsividade se caracteriza pela incapacidade de resistir a diversos impulsos e urgências, assim como pela espera por gratificação. A dificuldade de identificar sintomas de TDAH em adultos com TOC pode afetar o sucesso do tratamento.

Em geral, o tratamento de portadores de TDAH e TOC é multidisciplinar e direcionado para as condições individuais de cada paciente. Os objetivos do tratamento são a redução da sintomatologia e a melhora das habilidades de relacionamento interpessoal e da qualidade de vida de portadores e seus familiares. Um conjunto de medicamentos e intervenções psicossociais tem sua eficácia demonstrada no controle de desatenção, hiperatividade e impulsividade em pessoas com TDAH. Os medicamentos mais utilizados para o tratamento de TDAH são os estimulantes do sistema nervoso central, como o metilfenidato e a lisdexanfetamina. A administração de estimulantes em pacientes com TOC requer atenção especial, pois o aumento da atenção e do foco pode levar a um maior foco sobre os pensamentos obsessivos, intensificando a angústia e o sofrimento. Os antidepressivos ISRS apresentam benefícios importantes no controle das obsessões e compulsões em pacientes com TOC e TDAH e podem ser associados aos estimulantes. Os indivíduos que apresentam contraindicação ao uso de estimulantes podem se beneficiar de medicamentos não estimulantes, como é o caso da atomoxetina. As intervenções psicossociais envolvem tanto o paciente como os familiares e incluem TCC, psicoeducação e treinamento de habilidades sociais.

Transtornos por uso de substâncias

Apesar de não estar entre as comorbidades mais frequentes no TOC, os transtornos por uso de substâncias psicoativas (álcool ou drogas ilícitas) podem ocorrer em alguns portadores, gerando uma série de consequências negativas e dificultando a adesão e a resposta aos tratamentos. Em um estudo do C-TOC que incluiu 630 pacientes, apenas 7,5% deles apresentavam comorbidade com transtorno por uso de álcool, sendo isso mais comum em pessoas do sexo masculino, com sintomas da dimensão de acumulação e maior frequência de pensamentos e tentativas de suicídio. Em um grande estudo populacional realizado na Suécia, a presença de sintomas obsessivo-compulsivos aos 18 anos aumentou o risco de dependência de álcool e drogas no futuro, tendo sido estimado, em indivíduos com TOC, um aumento de quase quatro vezes o risco de uso nocivo de substâncias. A maioria dos estudos mostra que, entre aqueles com essa comorbidade, em geral o uso de substâncias é secundário ao TOC, ou seja, começa depois dos sintomas obsessivo-compulsivos, talvez como uma tentativa de aliviar a ansiedade associada a eles.

> Os transtornos por uso de substâncias se caracterizam por tolerância (ter que usar quantidades cada vez maiores da substância para obter o efeito desejado) e abstinência (grande mal-estar na falta da substância).

Os transtornos por uso de substâncias se caracterizam por tolerância (ter que usar quantidades cada vez maiores da substância para obter o efeito desejado) e abstinência (grande mal-estar na falta da substância). Além disso, geram muitos problemas de saúde física e problemas psicossociais, como violência doméstica, separação conjugal, queda de produtividade, absenteísmo e perda de emprego, acidentes de trabalho e de trânsito, brigas e problemas com a justiça, etc.

Na verdade, a compulsividade é uma característica tanto do TOC quanto das adições, e o TOC é considerado por alguns autores uma "adição comportamental", ao lado de outros quadros, como jogo patológico, "comer compulsivo", transtorno de escoriação e tricotilomania. Em todos esses quadros, a pessoa mantém repetidamente um comportamento que traz claros prejuízos a ela e, muitas vezes, também a seus familiares. Esses indivíduos não se comportam dessa maneira prejudicial para obter prazer diretamente, mas sim para tentar obter alívio temporário do desconforto.

De toda forma, é muito importante que os profissionais de saúde investiguem ativamente o padrão de consumo de álcool e drogas em pessoas com TOC, assim como a presença de sintomas de TOC em pessoas com transtornos por uso de substâncias, já que eles podem ser "secretos". Em caso de haver essa comorbidade, o transtorno por uso de substâncias tende a dificultar a procura e a adesão do indivíduo aos tratamentos indicados para o TOC, assim como a resposta ao tratamento, exigindo abordagens mais específicas e direcionadas à dependência química.

Transtorno bipolar

O transtorno bipolar (TB) é caracterizado pela presença de episódios depressivos e de episódios chamados de mania e hipomania. Nestes últimos, a pessoa tende a sentir mais energia, animação e confiança, podendo ficar exaltada, eufórica ou irritada, falando muito e dormindo pouco. Tais períodos de exaltação do humor (ou marcada irritabilidade e impulsividade) e hiperatividade são chamados de mania (em sua expressão plena) ou de hipomania, quando ocorrem de forma mitigada. Assim, a diferença entre a mania e a hipomania é a intensidade dos sintomas e o consequente nível de prejuízo na vida da pessoa. Algumas pessoas em fase de mania podem perder o contato com a realidade compartilhada e apresentar sintomas psicóticos, como delírios (falsas crenças) e alucinações (percepções sem objeto). Entretanto, as pessoas com TB não tendem a passar a maior parte do tempo em fases de mania/hipomania, que são a "marca registrada" do transtorno, mas em fases depressivas, o outro "polo" desse transtorno do humor. As chamadas depressões bipolares, que se alternam com períodos de exaltação do humor e hiperatividade, podem ser iguais às depressões unipolares (ou TDM, exploradas logo antes), mas geralmente as pessoas com TB têm depressão ainda na adolescência, com sintomas atípicos (aumento de fome, sonolência excessiva e reatividade emocional), e respondem mal aos antidepressivos "convencionais", como os usados para tratar o TOC. As oscilações de humor podem ser bruscas, mas duram semanas ou meses.

Algumas pessoas com TB podem apresentar SOCs. Precisamos ter em mente dois fatores importantes. O primeiro é o estado de ânimo da pessoa. Na mania/hipomania, como regra geral, os sintomas do TOC melhoram; já na depressão, sobretudo nas formas graves, há uma piora, independentemente de esses sintomas já estarem presentes ou se surgirem somente na fase depressiva. Portanto, é essencial ter informações sobre o momento de início dos SOCs, uma vez que eles podem ser secundários à depressão, e não necessariamente um TOC. Dessa forma, um objetivo no tratamento de alguém com TOC e TB é alcançar um estado de ânimo "neutro" ou estabilizado (em termos técnicos, eutimia). De toda forma, quando a pessoa melhora da depressão, os SOCs costumam acompanhar essa evolução. Algumas delas, mesmo após melhorar da depressão, mantêm os SOCs, o que potencialmente levaria o clínico a fazer um diagnóstico adicional de TOC. Portanto, o segundo fator é como fazer a combinação de tratamento tanto para TOC quanto para TB. Os antidepressivos são uma das pedras angulares do tratamento medicamentoso do TOC, porém podem piorar rapidamente a estabilidade afetiva de alguém com TB. O uso de antidepressivos no TB ainda é controverso, mas o maior receio é a indução

> **Os períodos de exaltação do humor (ou marcada irritabilidade e impulsividade) e hiperatividade são chamados de mania (em sua expressão plena) ou de hipomania, quando ocorrem de forma mitigada.**

de estados de mania ou hipomania. Justamente por conta disso, o fundamental do tratamento precisa ser a psicoterapia específica para TOC. Se esta não tiver o sucesso esperado, pode-se pensar em associações farmacológicas, mas sempre fazendo uso de medicamentos específicos para a prevenção da mania/hipomania no TB, como os estabilizadores de humor e antipsicóticos.

Esquizofrenia

A esquizofrenia é um transtorno psicótico em que há duas dimensões de sintomas: uma dimensão "positiva" – na qual são alocados os delírios (crenças falsas) e as alucinações (percepções sem objeto) – e uma dimensão "negativa" – caracterizada por apatia, falta de vontade e pouca expressão emocional. É um transtorno crônico em que podem acontecer períodos de exacerbação dos sintomas positivos (surtos psicóticos), nos quais, em geral, há momentos de maior agitação, inquietação e risco de agressividade contra si e terceiros. Por conta disso, são períodos em que o paciente precisa de maior ajuda da família ou de internações. Já a dimensão "negativa" geralmente impede que o indivíduo tenha pleno funcionamento social e laboral, além de afetar o autocuidado.

Cerca de 1% da população mundial é afetada pela esquizofrenia, com taxas semelhantes entre diferentes países, grupos culturais e sexos. A doença tende a se desenvolver entre as idades de 16 e 30 anos, mas pode iniciar antes ou depois dessa faixa etária e costuma persistir ao longo da vida. A causa da esquizofrenia é desconhecida, mas pesquisas contemporâneas sugerem que fatores genéticos (história de outros membros da família com esquizofrenia), influências ambientais (p. ex., uso de drogas, em especial, maconha) e fatores sociais (p. ex., pobreza) contribuem. Não existem alterações biológicas exclusivas da esquizofrenia, embora haja vários padrões de alterações de funcionamento cerebral mais frequentes em indivíduos com esquizofrenia.

A relação entre a esquizofrenia e o TOC tem sido objeto de crescente pesquisa, mas é importante destacar que a grande maioria das pessoas com TOC não está "ficando louca". No TOC, é comum o medo de "perder a sanidade", o que é frequentemente entendido como uma perda completa do controle sobre pensamentos, sentimentos e comportamentos. Esse temor é compreensível,

> A esquizofrenia é um transtorno psicótico em que há duas dimensões de sintomas: uma dimensão "positiva" – na qual são alocados os delírios (crenças falsas) e as alucinações (percepções sem objeto) – e uma dimensão "negativa" – caracterizada por apatia, falta de vontade e pouca expressão emocional.

dado o número de pensamentos e impulsos indesejados que passam pela mente da pessoa. No entanto, é crucial entender que a natureza do TOC é distinta de outros transtornos psiquiátricos, como a esquizofrenia, na qual realmente ocorre uma perda do julgamento crítico da realidade. Por fim, é possível notar que os dois transtornos são distintos, mas há um pequeno subgrupo de pacientes nos quais o TOC e a esquizofrenia tendem a coexistir. Acredita-se que, nesses casos, genes comuns a esses dois transtornos estão presentes. Os familiares de primeiro grau dos portadores dos dois transtornos também apresentam com mais frequência essas comorbidades. Nestes, em geral o quadro clínico começa com sintomas obsessivo-compulsivos, ou mesmo com o TOC no início da adolescência, e os sintomas psicóticos da esquizofrenia aparecem mais tarde, no final da adolescência. Esse grupo de pacientes precisa de um cuidado redobrado, pois apresentam um curso mais grave. Portanto, pessoas com esquizofrenia – e sua forma branda, o transtorno esquizotípico – podem também ter sintomas obsessivo-compulsivos, com cerca de 1 em cada 5 indivíduos com esquizofrenia tendo TOC. Além disso, é muito comum que pessoas com esquizofrenia também apresentem sintomas depressivos e ansiosos.

Uma diferença que precisa ser explicitada é entre o TOC com prejuízo da crítica (*insight* pobre ou baixo *insight*) e a esquizofrenia. A esquizofrenia é um transtorno em que a crítica do estado de saúde pode ser parcial (acha que tem algo errado) ou ausente, mesmo durante um surto. É o que se chama de "duplo registro", porque é como se o paciente admitisse a existência de um mundo à parte – privado – e um mundo compartilhado. O TOC com baixo *insight* foi explorado em detalhes no Capítulo 3, Características clínicas. Por norma, assemelha-se a um TOC com *insight* preservado, exceto na posição que o paciente tem diante dos seus sintomas, defendendo seu ponto de vista como sendo razoável. No entanto, cabe ainda dizer que, após o início do tratamento, essa percepção tende a mudar, e o indivíduo passa a ter melhor crítica sobre suas obsessões e compulsões. É muito importante ressaltar que os diagnósticos psiquiátricos devem ser feitos a partir de uma visão do todo dos sintomas ou problemas que o indivíduo apresenta, não seguindo uma ordem estereotipada – por exemplo, se algo é repetitivo, é TOC; se algo é estranho ou bizarro, é esquizofrenia.

Medicamentos antipsicóticos são o principal recurso para o manejo da esquizofrenia. Uma gama de tratamentos psicossociais também é efetiva, incluindo intervenção familiar, emprego apoiado, TCC para psicose, treinamento de habilidades sociais, tratamento comunitário assertivo e tratamento concomitante para uso de substâncias.

Transtornos relacionados ao TOC

São quadros que apresentam algumas semelhanças com o TOC quanto à sintomatologia, evolução clínica, história familiar ou resposta ao tratamento, com implicações para o diagnóstico diferencial. Podem também, por vezes, se apresentar como comorbidades.

Transtorno de tiques/síndrome de Tourette

Tiques são contrações musculares rápidas e involuntárias que se manifestam como movimentos (tiques motores) ou na produção de sons e palavras (tiques vocais). Os tiques são semelhantes a movimentos normais, porém diferem destes pela frequência, pela intensidade e pelo caráter involuntário. Nos tiques, o indivíduo tem a capacidade de impedir movimentos somente com muito esforço consciente, gerando tensão emocional. Nem sempre é fácil perceber os tiques, porque podem se assemelhar a gestos sutis, podendo progredir até comportamentos mais visíveis. Os tiques costumam aparecer em "surtos" ou "ataques", nos quais se realizam várias ações em um curto período. Normalmente, antes de realizar as ações, as pessoas com tiques sentem sensações físicas desconfortáveis, chamadas de "fenômenos sensoriais", e são aliviadas na execução dos movimentos ou na produção dos sons. Essa é uma característica que aproxima os tiques do TOC.

Os tiques costumam ter início na infância e se agravam no período anterior à puberdade. Algumas vezes, podem até desaparecer completamente na adolescência, mesmo sem tratamento. Ainda, os tiques tendem a evoluir no tempo com períodos de piora e melhora, que podem durar semanas ou meses, mesmo sem ter um fator definido para essa mudança de gravidade. Em geral, situações de ansiedade e cansaço pioram os tiques, enquanto sono, relaxamento e concentração em determinada atividade tendem a diminuir sua ocorrência.

O transtorno (ou síndrome) de Tourette tem esse nome porque foi descrito, ainda no século XIX, pelo psiquiatra francês Gilles de la Tourette. Ele percebeu que alguns pacientes apresentavam uma combinação estável de tiques motores e vocais (emitir involuntariamente alguns sons, sílabas ou palavras inteiras). Dessa forma, a síndrome de Tourette é caracterizada pela presença de tiques tanto motores quanto vocais que persistem por um longo período. O início é sempre na infância, entre os 5 e 7 anos, e acontece com mais frequência em meninos do que em meninas. Os sintomas costumam começar com tiques motores simples (como piscar ou encolher os ombros) e podem progredir para tiques motores mais complexos e tiques vocais (como grunhidos ou vocalizações). As estimativas atu-

> Tiques são contrações musculares rápidas e involuntárias que se manifestam como movimentos (tiques motores) ou na produção de sons e palavras (tiques vocais).

> O transtorno (ou síndrome) de Tourette é caracterizado pela presença de tiques tanto motores quanto vocais que persistem por um longo período. A relação entre TT e TOC é muito significativa. Familiares de primeiro grau de quem tem síndrome de Tourette apresentam maior frequência de tiques, mas também de TOC, sugerindo que algumas formas de TOC são parte da expressão clínica da síndrome de Tourette.

ais sugerem que cerca de 1% das crianças apresentem síndrome de Tourette. Alguns de seus sintomas tendem a ser particularmente estigmatizados pela mídia, como a *palilalia* (necessidade de repetir as próprias palavras), a *ecolalia* (necessidade de repetir as palavras de outras pessoas) e a *coprolalia* (necessidade de falar obscenidades, palavrões). É importante ressaltar que, embora sejam chamativos para terceiros, esses sintomas acometem apenas uma parcela das pessoas com síndrome de Tourette, cerca de 10%. O tratamento é fundamentado em terapias comportamentais, como a terapia comportamental baseada em exposição e prevenção de resposta (ERP) e a terapia de reversão de hábito (HRT, do inglês *habit reversal training*), ambas eficazes para administrar os tiques. Entre os medicamentos de primeira linha, quando necessários, destacam-se os agonistas alfa-2 adrenérgicos (medicamentos que também são utilizados para tratar hipertensão arterial). Casos mais graves, com um impacto significativo na vida diária, podem se beneficiar também de antipsicóticos.

A relação entre síndrome de Tourette e TOC é muito significativa. Familiares de primeiro grau de quem tem síndrome de Tourette apresentam maior frequência de tiques, mas também de TOC, sugerindo que algumas formas de TOC são parte da expressão clínica da síndrome de Tourette. Falamos nesses casos de TOC associado a tiques. Na prática, cerca de 50 a 70% das pessoas que tem síndrome de Tourette também vão ter SOCs ou TOC ao longo da vida, e cerca de um terço de quem tem TOC apresenta tiques. Assim, os tiques se aproximam do TOC não só na sua expressão sintomática, mas também do ponto de vista genético, e a comorbidade TOC e tiques/síndrome de Tourette, é mais comum em indivíduos do sexo masculino e com TOC de início precoce. Além do TOC, é muito comum que indivíduos com tiques ou síndrome de Tourette possuam outros transtornos psiquiátricos, como TDAH ou depressão.

Transtorno de acumulação

O transtorno de acumulação tem como principal característica a dificuldade persistente de descartar coisas ou posses independentemente do seu valor, o que resulta em acúmulo desordenado de objetos em ambientes e espaços pessoais ou coletivos, impedindo o seu uso funcional. Tal acúmulo de objetos é motivado pelo medo de perder coisas que futuramente possam ser úteis ou mesmo por apego emocional a eles. Até 2013, esse transtorno era considerado uma variante do TOC, mas, com a publicação do DSM-5, passou a ser reconhecido como um transtorno independente. Essa mudança foi muito importante, porque o estabelecimento de critérios específicos para o seu diagnóstico resultou no aumento do seu reconhecimento e diagnóstico, bem como permitiu aos pesquisadores a realização de estudos para melhores compreensão e tratamento.

> No transtorno de acumulação, o indivíduo começa a acumular qualquer coisa que acredita poder ser útil no futuro, como revistas e jornais antigos, eletrodomésticos quebrados, caixas de sapato, roupas que já não usa, potes de vidro ou plástico, embalagens e pedaços de madeira, entre outros.

A prevalência exata de transtorno de acumulação ainda é objeto de estudo, porém acredita-se que ocorra em cerca de 2 a 5% da população mundial, afetando homens e mulheres da mesma maneira. A condição geralmente se inicia na adolescência e vai piorando com o passar dos anos. De forma muito comum, o início é leve, começando por acumular objetos que, naquele momento, parecem ter importância ou algum valor sentimental. Nesse momento, o indivíduo pode até cuidar e organizar os itens que acumula, mas depois passa para uma fase caótica e insustentável. Ele começa a acumular qualquer coisa que acredita poder ser útil no futuro, como revistas e jornais antigos, eletrodomésticos quebrados, caixas de sapato, roupas que já não usa, potes de vidro ou plástico, embalagens e pedaços de madeira, entre outros. Alguns pacientes, em casos ainda mais graves, passam a recolher objetos descartados como lixo na rua para guardá-los em casa. Em alguns casos, a acumulação se estende a animais, como gatos e cães, mesmo sem ter como cuidar deles. A casa do portador de transtorno de acumulação chega a ficar tão cheia a ponto de não existir espaço suficiente para circular, se alimentar ou dormir. Nessas condições, a casa se torna imunda, com mau cheiro, insalubre, propensa a ter pragas perigosas e com risco de, em alguns casos, infecções, quedas e até mesmo morte por esmagamento com o desmoronamento do entulho. Devido às condições da casa, a pessoa com esse transtorno não aceita que lhe visitem, o que gera sofrimento emocional significativo e pode levar ao isolamento social.

O transtorno de acumulação e o TOC apresentam alguma sobreposição de sintomas e compartilham algumas áreas cerebrais afetadas, isto é, as áreas de controle de impulsos e de tomada de decisão. Entretanto, é importante referir que indivíduos com TOC são diferentes daqueles com transtorno de acumulação, pois no TOC os comportamentos repetitivos são, geralmente, para reduzir a ansiedade gerada pelas obsessões; já no transtorno de acumulação, são por obtenção de conforto e segurança, apego emocional aos objetos, medo da perda e dificuldade em tomar decisões.

É importante ressaltar que sintomas de acumulação no TOC são comuns, podendo ocorrer como parte do quadro (dimensão de acumulação) ou, na minoria dos casos, como um transtorno associado. Na acumulação como sintoma do TOC, costuma existir um pensamento obsessivo que leva a pessoa a manter a posse de determinado item, por exemplo, *"Se eu descartar isso, poderá me fazer falta no futuro"*, enquanto no transtorno de acumulação primário a dificuldade de descartar os itens está mais associada a muita dificuldade de organização e de estabelecer prioridades, bem como ao apego excessivo, sem que os itens tenham alguma utilidade.

O tratamento dos pacientes com transtorno de acumulação é muito desafiador, devido à falta de crítica (*insight* pobre) e de motivação. A participação da família no tratamento é fundamental, especialmente para o início do tratamento e no processo de descarte de objetos. O tratamento é multidisciplinar, envolvendo psicólogos, psiquiatras, assistentes sociais e terapeutas ocupacionais. A TCC é a que mostrou resultados mais animadores. As técnicas específicas da TCC incluem a restrição de aquisição, a prática de classificação e descarte, a reestruturação cognitiva e a terapia de aceitação e compromisso. Estudos sobre o tratamento medicamentoso são escassos, e não existem dados conclusivos sobre o benefício do uso de antidepressivos ISRS.

Tricotilomania

A tricotilomania é um transtorno que se caracteriza pela "mania" ou impulso de arrancar os cabelos e/ou pelos do próprio corpo, podendo estar associada ao TOC e/ou ao transtorno de escoriação (ver a seguir). Os critérios da CID-11 para o diagnóstico da tricotilomania são: arrancar os cabelos/pelos de forma recorrente em uma ou mais regiões, acompanhado de tentativas seguidas e sem sucesso de interromper esse comportamento. Pode ocorrer em qualquer região do corpo, sendo os locais mais comuns o couro cabeludo, as sobrancelhas e os cílios. Os episódios podem ser curtos ao longo do dia ou ocorrer em períodos mais longos e espaçados. Os sintomas resultam em estresse significativo ou impacto importante na vida pessoal, familiar, social e ocupacional.

> A tricotilomania é um transtorno que se caracteriza pela "mania" ou impulso de arrancar os cabelos e/ou pelos do próprio corpo.

A tricotilomania acomete em torno de 2% da população, sendo mais comum nas mulheres; com frequência, seu início se dá na adolescência, podendo ocorrer, no entanto, em qualquer faixa etária. É comumente subdiagnosticada, muitas vezes sendo minimizada em sua importância ou considerada apenas como um hábito ruim. Os dermatologistas frequentemente fazem o diagnóstico por exclusão de outras doenças da pele. Muitas vezes, a tricotilomania ocorre em uma área já de alopecia (área sem cabelos), decorrente de autoescoriações. Eventualmente, a pessoa associa o comportamento de arrancar os cabelos ao ato de os engolir (tricotilofagia), levando a alterações gastrintestinais. É interessante notar que a tricotilomania se apresenta de forma semelhante em diversas regiões do mundo e que o indivíduo tende a esconder, ou disfarçar, as áreas afetadas, por vergonha e constrangimento. A maioria dos indivíduos (em torno de 65%) nunca chega a fazer tratamento. Os fatores desencadeantes podem ser desde alguma sensação na região de cabelos/pelos que induz ao comportamento até condições como tédio, ansiedade, raiva, pensamentos sobre a aparência, etc. Muitos portadores não conseguem relatar o que desencadeia esse comportamento, apenas referem que o ato parece ser algo automático ou "impulsivo".

O diagnóstico da tricotilomania costuma ser feito apenas pelo exame clínico, em que se observam uma ou mais áreas com perda de cabelo secundária a uma ação externa, sem sinais inflamatórios, geralmente geométrica e com os fios em vários estágios de crescimento. Se não houver cicatrizes na pele ou nos folículos capilares, o prognóstico é melhor, e a regeneração dos fios pode ocorrer. O diagnóstico diferencial é feito com outras formas de queda de cabelos, como calvície masculina, alopecia por tração ou por pressão, alopecia areata, *tinea capitis*, hábito de curto prazo e doenças sistêmicas como câncer, lúpus ou hipotireoidismo.

O tratamento da tricotilomania pode envolver vários especialistas: dermatologista, clínico, psiquiatra e psicólogo. A combinação do tratamento medicamentoso e da psicoterapia é geralmente associada a melhores resultados, mas alguns casos mais leves podem se beneficiar somente com a psicoterapia. O tratamento medicamentoso é feito com medicamentos da classe dos ISRS, agentes glutamatérgicos e N-acetilcisteína. O tratamento psicoterápico mais indicado é a TCC, que visa a treinar o indivíduo a resistir ao impulso de arrancar cabelos/pelos e modificar os pensamentos disfuncionais que possam estar associados. É comum as pessoas com tricotilomania tentarem esconder as falhas no couro cabeludo com lenços e perucas (quando em grau mais acentuado) e terem pensamentos autodepreciativos em relação à aparência e à capacidade de gerenciar esse impulso "autodestrutivo". Esse comportamento, que para muitos portadores é considerado um "vício", leva ao atraso do tratamento e a sentimentos de vergonha e de culpa. Assim, muitas vezes eles se sentem dependentes desse "hábito", cuja realização leva à sensação de alívio imediato, e mesmo a certo prazer, mas é seguida por vergonha e culpa, perpetuando um círculo que se retroalimenta. A HRT, que se constitui em uma modalidade da TCC, é muitas vezes útil, e objetiva ajudar o indivíduo a ter consciência das situações e emoções que o levam a arrancar os cabelos/pelos e a buscar novas atitudes para lidar com as emoções e situações que funcionam como desencadeantes do quadro. A identificação de eventuais desencadeantes ajuda a trazer mais racionalidade para a extinção desses comportamentos.

O acesso à informação é muito importante, uma vez que muitas pessoas não procuram ajuda por considerarem que esses comportamentos são "hábitos ruins e imutáveis", e não passíveis de tratamento. A conscientização sobre a necessidade do tratamento baseia-se sobretudo em mostrar os prejuízos que esses comportamentos ocasionam às pessoas e que são limitações que podem ser superadas. As lesões por autoescoriações e pela tricotilomania, se não tratadas, podem acarretar infecções e cicatrizes na pele. O tempo gasto na execução dos atos de escoriação e de arrancar os cabelos pode ser substituído por hábitos mais saudáveis. A duração do tratamento é muito individual e depende, também, da ocorrência de transtornos associados (p. ex., transtornos de ansiedade, depressão, TOC). A meta do tratamento será não apenas a extinção dos sintomas, mas a melhoria da autoestima e da qualidade de vida.

Embora essa associação do TOC com o transtorno de escoriação e/ou a tricotilomania seja comum, não é uma regra absoluta, observando-se muitas vezes casos de escoriações ou de tricotilomania sem o diagnóstico concomitante de TOC. Quando essas condições são acompanhadas de sintomas do TOC, o tratamento torna-se ainda mais necessário. É importante não se automedicar, nem subestimar a necessidade do tratamento adequado com profissionais da saúde, evitando-se tratamentos alternativos sem base científica.

Transtorno de escoriação

O transtorno de escoriação é descrito na CID-11 como lesões ocasionadas na pele, pelo próprio indivíduo, mais comumente no rosto, nos braços e nas mãos, mas podendo ocorrer em qualquer outra parte do corpo. A escoriação pode ocorrer em episódios breves, ao longo do dia, ou em períodos menos frequentes, porém mais duradouros. Os sintomas comumente resultam em sofrimento significativo e/ou prejuízo importante na vida pessoal, social e muitas vezes profissional. Esse transtorno é também chamado de "escoriação neurótica", "escoriação psicogênica" e "dermatotilexo-

> O transtorno de escoriação é descrito na CID-11 como lesões ocasionadas na pele, pelo próprio indivíduo, mais comumente no rosto, nos braços e nas mãos, mas podendo ocorrer em qualquer outra parte do corpo.

mania", sendo algumas vezes também usado em nosso meio o termo em inglês *"skin picking"*.

O transtorno de escoriação acomete entre 1,4 e 5,4% da população geral, sendo mais frequente no sexo feminino. O início do quadro ocorre predominantemente na adolescência, mas pode acontecer em qualquer idade. Pode ter como fator desencadeante a ocorrência de acne ou eczema, o aumento da ansiedade, situações de estresse ou até mesmo sensações de "tédio" e sedentarismo. O indivíduo pode perder muito tempo com esse comportamento repetitivo e ter prejuízo em sua qualidade de vida. Muitas vezes, os portadores têm necessidade de esconder as áreas lesionadas, por vergonha diante da família ou de amigos. Eles têm dificuldade em coibir a escoriação, que se exerce de forma repetitiva e algumas vezes incoercível. O ato em si momentaneamente leva ao alívio da ansiedade ou do desconforto, porém é seguido por sentimentos de vergonha ou arrependimento. São justamente esses sentimentos de vergonha que podem retardar a procura por auxílio médico e, em alguns casos, acarretar consequências mais sérias, como infecções na pele e cicatrizes indeléveis.

Esse transtorno eventualmente pode ser considerado, no ambiente familiar, apenas como um hábito ruim e ser, portanto, negligenciado e/ou subestimado em sua gravidade. Essa subestimação pode ser feita também por profissionais da área da saúde, o que retarda o tratamento e leva ao agravamento do quadro e à piora de sintomas de ansiedade e/ou depressivos, para além do desconforto na região das lesões. O diagnóstico é clínico, feito por meio da história contada pelo portador ou pelos familiares e de avaliação direta das lesões, de forma a se excluírem outras doenças da pele e/ou verificar complicações associadas às escoriações. É comum o dermatologista receber esses indivíduos, em primeira avaliação, e posteriormente encaminhá-los para diagnóstico e avaliação psiquiátrica e psicológica.

É frequente sua associação com outros comportamentos repetitivos focados no corpo, como a tricotilomania e as "checagens" do transtorno dismórfico corporal (tendência a se examinar repetitivamente no espelho, por exemplo; descrito mais adiante). O TOC e o transtorno dismórfico corporal são mais frequentes em indivíduos com transtorno de escoriação do que na população geral. As causas do transtorno de escoriação não se encontram ainda bem definidas, mas há maior risco entre familiares de pessoas com TOC, e vice-versa (excesso de TOC entre os familiares de pessoas com escoriações), o que supõe possível associação genética entre ambas as condições.

O tratamento deve ser feito a partir da exclusão de outras doenças dermatológicas, levando-se em consideração também a ocorrência de comorbidades, como TOC, transtorno depressivo e transtornos de ansiedade. O tratamento em geral associa as abordagens psicoterápica e medicamentosa. A psicoterapia mais indicada é a TCC, que consiste em fornecer orientação psicopedagógica, trabalho de reestruturação cognitiva e ênfase em técnicas comportamentais para remissão dos sintomas e prevenção de recaídas. A HRT também tem sido indicada e inclui automonitoramento do indivíduo em relação ao hábito de se escoriar, treino de consciência, treino de comportamentos alternativos e controle dos estímulos que levam ao comportamento de autoescoriação. O tratamento medicamentoso é feito principalmente com os antidepressivos ISRS e com medicamentos que modulam a atividade do neurotransmissor glutamato, como a N-acetilcisteína, a lamotrigina e o riluzol, além de antagonistas opioides, como a naltrexona.

Transtorno de ansiedade de doença

Pessoas que apresentam este transtorno (antes denominado "hipocondria", termo considerado de conotação negativa e estigmatizante) também temem adquirir ou estar com alguma doença grave; no entanto, tal preocupação excessiva em geral não se refere a doenças adquiridas por contaminação, e a crítica (ou *insight*) é pior. Na verdade, os pensamentos sobre doenças nesse quadro são mais bem descritos como ideias prevalentes ou supervalorizadas, e não como obsessões típicas. Ou seja, em vez de medo ou dúvida, a pessoa tem a falsa crença de que de fato está com uma doença grave, como câncer ou esclerose múltipla, por exemplo, a partir de qualquer sensação ou sintoma físico que apresente, mesmo que leve. Uma simples dor de cabeça ou tontura pode ser interpretada como sinal indicativo de um tumor cerebral, uma dor de estômago, como câncer gástrico, um gânglio no pescoço, como linfoma, uma mancha escura na pele, como melanoma, e assim por diante. Em geral, a pessoa tenta convencer os outros de que está com um problema sério de saúde e de que os médicos não estão sabendo investigar adequadamente para diagnosticar. Essa crença "catastrófica" é limitada à sua própria saúde e não se estende a outras pessoas, como é comum no TOC. O quadro tende a ter curso crônico também, mas os sintomas giram sempre em torno de seus problemas de saúde física, que vão mudando de conteúdo conforme a época.

> No transtorno de ansiedade de doença, a pessoa tem a falsa crença de que de fato está com uma doença grave, como câncer ou esclerose múltipla a partir de qualquer sensação ou sintoma físico que apresente.

O padrão de comportamento envolve checagem repetida das próprias funções corporais, grande interesse por temas médicos, procura frequente por informações sobre doenças na internet, sugestionabilidade em relação ao que escuta ou lê sobre doenças e efeitos colaterais de medicamentos, busca por diferentes tratamentos e exames e tendência à automedicação. A pessoa costuma ter em casa uma coleção de medicamentos, laudos ou exames realizados e prescrições médicas, em geral não seguidas. Evidentemente, tais crenças e comportamentos repetitivos impactam de forma negativa a qualidade de vida e os relacionamentos pessoais. Além disso, o indivíduo em geral descreve com detalhes seus sintomas e tem dificuldade de confiar nos (vários) profissionais de saúde que consulta, podendo também duvidar dos resultados dos exames laboratoriais ou de imagem, quando normais, o que costuma gerar desgaste no relacionamento com os médicos, envolvendo frustração mútua e até hostilidade. Outros possíveis riscos são complicações iatrogênicas (i.e., causadas sem intenção pelo profissional) de condutas ou exames mais invasivos na tentativa de resolver as queixas, ou, por outro lado, negligência de doenças de fato existentes, pelo histórico de sintomas somáticos sem achados orgânicos correspondentes.

Em alguns casos, porém, a pessoa pode ter um comportamento oposto, evitando consultas médicas, mesmo as recomendadas e preventivas, justamente pelo medo excessivo de descobrir algum problema sério de saúde. O encaminhamento para profissionais de saúde mental, como psiquiatras ou psicólogos, normalmente também não é bem aceito pela pessoa, já que a crítica sobre seu problema é prejudicada, exigindo bastante habilidade relacional e comunicacional por parte do médico assistente. O tratamento em geral é muito semelhante ao do TOC, com antidepressivos ISRS e TCC.

Transtorno dismórfico corporal

Pessoas com transtorno dismórfico corporal (TDC) têm preocupações excessivas com defeitos imaginários ou leves na sua aparência. Esses "defeitos" em geral são imperceptíveis para os outros, mas, para quem tem TDC, eles podem parecer enormes e extremamente preocupantes. São muito comuns as preocupações com pele (acne, manchas, rugas, pilosidade), cabelo (queda), genitais e formato do nariz ou do rosto, mas as preocupações podem ser múltiplas e maldefinidas. Pessoas com TDC podem passar horas na frente do espelho, tentando corrigir ou esconder essas falhas percebidas. Assim, um comportamento comum entre elas é a camuflagem, que envolve tentar esconder ou disfarçar os "defeitos" estéticos percebidos. Isso pode incluir usar maquiagem de forma excessiva, vestir roupas que escondem partes do corpo, ou até mesmo posicionar-se de uma certa maneira para evitar que os outros vejam a área supostamente problemática. Elas

> Pessoas com transtorno dismórfico corporal têm preocupações excessivas com defeitos imaginários ou leves na sua aparência. Esses "defeitos" em geral são imperceptíveis para os outros.

podem evitar sair de casa ou participar de atividades sociais por medo de serem julgadas pela sua aparência. Em casos graves, algumas pessoas podem até procurar cirurgias plásticas desnecessárias para tentar "corrigir" esses defeitos. De fato, é muito mais comum que pessoas com TDC busquem cirurgiões plásticos, dermatologistas, esteticistas e outros profissionais que possam ajudar a melhorar sua aparência do que profissionais de saúde mental. Na verdade, o TDC já foi conhecido como "hipocondria da beleza".

O TDC tem uma relação estreita com o TOC porque ambos os transtornos envolvem pensamentos obsessivos e comportamentos repetitivos. Como descrito no Capítulo 1, no TOC, as obsessões podem ser sobre qualquer coisa, como medo de germes ou necessidade de simetria. Já no TDC, as obsessões são especificamente sobre a aparência física. Assim como no TOC, pessoas com TDC também podem sentir grande incômodo e ansiedade em razão desses pensamentos repetitivos. Para aliviar essa ansiedade, elas podem se envolver em comportamentos compulsivos, como verificar constantemente sua aparência no espelho, comparar-se com os outros ou procurar repetidas vezes a garantia de que estão bem. No entanto, diferentemente das pessoas com TOC, que em geral têm uma melhor percepção de que seus pensamentos e comportamentos são irracionais, assim como no transtorno de ansiedade de doença, as pessoas com TDC com frequência têm pior capacidade crítica ou *insight*. Elas podem realmente acreditar que suas falhas percebidas são reais e graves, o que as torna mais resistentes a aceitarem que precisam de tratamento psiquiátrico e/ou psicológico.

O tratamento para TDC muitas vezes é semelhante ao tratamento para TOC. Isso pode incluir TCC, que ajuda a pessoa a desafiar e mudar seus pensamentos e comportamentos negativos, e medicamentos como os antidepressivos ISRS, que podem ajudar a reduzir os sintomas.

Transtorno de referência olfativa

Neste quadro, antes denominado "síndrome de referência olfatória", a pessoa acredita que emite algum tipo de mau cheiro corporal, que de fato não existe e os outros não detectam. Em geral, a falsa crença se refere a partes do corpo que podem, de fato, eventualmente cheirar mal, como boca (mau hálito), axilas (sudorese excessiva), genitais, região anal, pés, etc. Tal crença exagerada ou injustificada é comumente associada a ideias de autorreferência, como, por exemplo, achar que as pessoas comentam sobre seu

> No transtorno de referência olfativa a pessoa acredita que emite algum tipo de mau cheiro corporal, que de fato não existe e os outros não detectam.

cheiro ruim ou se afastam dela por perceberem seu odor desagradável, sentando-se longe no ônibus, por exemplo, ou abrindo a janela. Costuma ainda levar a comportamentos de evitação de diversas situações sociais, como festas, reuniões ou quaisquer lugares/eventos em que os outros possam notar seu suposto odor fétido ou "ofensivo". Além disso, pode levar a comportamentos repetitivos de higiene semelhantes aos que ocorrem comumente no TOC, como banhos e escovação de dentes excessivos. São habituais também a verificação repetida daquela parte do corpo, para sentir se não está cheirando mal (p. ex., checar o próprio hálito ou as axilas), trocas frequentes de roupas e o uso de diversos produtos para tentar mascarar ou disfarçar o suposto problema (p. ex., chupar pastilhas, balas ou chicletes de menta, usar muito desodorante ou perfume). Essas pessoas podem também tentar se certificar repetidamente com familiares de que não estão mesmo com cheiro ruim. Costumam ainda procurar diversos profissionais de saúde para tentar resolver o problema imaginário, como dentistas, gastrenterologistas, otorrinolaringologistas, dermatologistas e ginecologistas.

Esse transtorno em geral causa muito sofrimento, vergonha e constrangimento, podendo impactar profundamente os relacionamentos pessoais (vida social e amorosa), assim como o funcionamento geral da pessoa, tanto na escola quanto no trabalho, por conta do afastamento ou isolamento social que acarreta. Além disso, pode se associar a transtornos depressivos, ao TOC, ao transtorno dismórfico corporal e a transtornos ansiosos, como o transtorno de ansiedade social, entre outros. Ressalte-se que, como no transtorno de ansiedade de doença e no transtorno dismórfico corporal, as pessoas que têm esse quadro não apresentam obsessões típicas (caracterizadas por medo ou dúvida excessiva e crítica mais preservada), mas sim ideias prevalentes ou supervalorizadas, em que o indivíduo acredita que sua preocupação é justificada; neste caso, que o mau cheiro corporal de fato existe. Portanto, pode ser mais difícil convencê-lo a aceitar fazer tratamento psicológico ou psiquiátrico. Além de psicoterapia, há relatos de melhora com antidepressivos, antipsicóticos e a combinação de ambos, mas estudos controlados e com maior número de pacientes ainda são necessários.

Capítulo **5**

Fatores biológicos e ambientais associados ao TOC

Marcelo Q. **Hoexter**
Juliana Belo **Diniz**
João Felício Abrahão **Neto**
Carolina **Cappi**
Eurípedes Constantino **Miguel**
Roseli Gedanke **Shavitt**

Quando falamos de pessoas com transtorno obsessivo-compulsivo (TOC), nos referimos a indivíduos que têm pensamentos obsessivos e/ou comportamentos compulsivos que tomam muito tempo, atrapalham o dia a dia e causam sofrimento. O diagnóstico é feito com base nesses sintomas para que os profissionais de saúde mental consigam se entender e trabalhar juntos de forma eficaz. Isso também ajuda na indicação de tratamentos, na previsão de como a pessoa pode responder aos tratamentos e na pesquisa que busca entender as causas possíveis do transtorno.

É mais comum encontrar pessoas com TOC quando alguém da família também tem o transtorno – isso sugere que fatores genéticos podem contribuir para o aparecimento do transtorno, além das experiências de vida. Por outro lado, ainda não sabemos exatamente as causas do transtorno e por que o TOC aparece em algumas pessoas e não em outras. O que sabemos é que o TOC provavelmente vem da combinação entre uma predisposição genética e as experiências que a pessoa vive. Não é apenas uma questão de genes ou de um evento específico, já que vários fatores precisam interagir para que os sintomas apareçam e persistam, e cada pessoa com TOC tem um conjunto único de fatores – o que pode variar muito de uma pessoa para outra. Além disso, o momento em que esses fatores agem na vida do indivíduo também é importante. Portanto, não podemos dizer que todos com TOC têm a mesma carga genética ou passaram pelas mesmas experiências.

O TOC é um transtorno que se desenvolve ao longo da vida e resulta da combinação entre genes e experiências pessoais. No cérebro, há substâncias químicas e conexões neurais envolvidas nesse processo. Os tratamentos para TOC ajudam a ajustar essas substâncias e a forma como o cérebro se comunica, buscando aliviar os sintomas e melhorar a qualidade de vida.

Qual é o papel dos fatores genéticos no TOC?

Embora o TOC seja comum na população geral, o risco de desenvolver TOC é muito maior para quem tem um parente próximo com o transtorno. Se o familiar for de primeiro grau, a chance de também ter TOC pode chegar a 23%, especialmente se os sintomas desse parente iniciaram antes dos 10 anos ou se ele tem tiques motores ou vocais associados. Esse fenômeno é conhecido como agregação familiar e significa que familiares têm mais chance de ter TOC do que o esperado por acaso. Essa agregação pode ser decorrente de fatores tanto genéticos quanto ambientais, já que pessoas da mesma família compartilham tanto a carga genética como diversos fatores relacionados ao ambiente.

Estudos feitos com gêmeos que cresceram no mesmo ambiente ajudam a entender melhor o papel dos genes *versus* o ambiente. Os resultados mostraram que, se um gêmeo idêntico (que tem a mesma carga genética) tem TOC, o outro gêmeo tem 57% de chance de também ter TOC. Em comparação, se um gêmeo não idêntico (que tem apenas metade da carga genética idêntica) tem TOC, o outro tem apenas 22% de chance. Isso indica que a genética desempenha um papel importante no desenvolvimento do TOC.

Por outro lado, é importante deixar claro que, apesar do papel importante da genética no TOC, não há um único gene responsável pelo aparecimento do transtorno. Isto é, isoladamente, variantes genéticas têm um efeito modesto no risco de desenvolver TOC. O que sabemos é que o risco de desenvolver TOC ocorre pela combinação de inúmeros genes atuando em conjunto. Além disso, o fato de um parente ter TOC não significa que pessoas sem histórico familiar não possam ter o transtorno; estas podem desenvolver TOC, mas geralmente tendem a começar a ter sintomas mais tarde, após os 17 anos. Ou seja, casos de início precoce e com tiques apresentam maior agregação familiar.

A pesquisa genética sobre o TOC tem avançado, identificando alguns conjuntos de genes ligados ao transtorno e variações genéticas que aumentam o risco de TOC. No entanto, uma grande limitação é que a maioria dos estudos envolve principalmente pessoas de origem europeia. Isso significa que os resultados não podem ser aplicados a outras populações e, ainda menos, a casos individuais de pessoas com TOC.

Ter um parente com TOC aumenta o risco de desenvolver o transtorno e, embora a genética seja um fator importante, não há um único gene responsável. Pessoas sem histórico familiar também podem ter TOC. A pesquisa genética avança, mas ainda se concentra principalmente em populações europeias.

Existe participação de fatores do ambiente no TOC?

Os fatores ambientais desempenham um papel crucial no desenvolvimento e na manutenção dos sintomas obsessivo-compulsivos. Esses fatores englobam uma gama de influências, desde condições durante o período intrauterino e interações com membros da família, passando por experiências adversas de vida até infecções e doenças clínicas. A herança genética interage com esses fatores ambientais desde a concepção e ao longo da vida do indivíduo, afetando a probabilidade de surgimento e persistência dos sintomas. Embora ainda não se conheçam todos os fatores ambientais que aumentam a probabilidade de desenvolvimento do TOC, é possível que o tratamento precoce e a modificação positiva do ambiente desempenhem um papel protetor contra a persistência dos sintomas.

Um exemplo de fator ambiental com potencial influência no surgimento do TOC é a infecção bacteriana estreptocócica, que é bastante comum na população geral. Especificamente, o estreptococo beta-hemolítico do grupo A pode desencadear a febre reumática, uma condição que se desenvolve após uma infecção na garganta e pode afetar as articulações (artrite), o coração (cardite) e o cérebro (coreia, nomeada como coreia de Sydenham). Observou-se que crianças com histórico de febre reumática com e sem coreia apresentam uma incidência mais alta de TOC. Isso levou à especulação de que os mecanismos envolvidos na febre reumática, como respostas inadequadas do sistema imunológico, possam também contribuir para o TOC.

> Os fatores ambientais desempenham um papel crucial no desenvolvimento e na manutenção dos sintomas obsessivo-compulsivos. Esses fatores englobam uma gama de influências, desde condições durante o período intrauterino e interações com membros da família, passando por experiências adversas de vida até infecções e doenças clínicas.

A hipótese é de que o sistema imunológico, ao produzir anticorpos para combater a infecção estreptocócica, possa, devido à semelhança entre as proteínas do estreptococo e as estruturas do próprio organismo, acabar atacando células do corpo, incluindo aquelas no cérebro. Assim, esses anticorpos poderiam desempenhar um papel na alteração das estruturas cerebrais associadas ao TOC.

Traumas na infância podem explicar os sintomas do TOC?

Assim como para muitos outros transtornos psiquiátricos, como depressão, pânico, ansiedade generalizada, etc., o surgimento ou a agravação dos sintomas de TOC podem estar associados a vivências adversas precoces de negligência, violência e abuso emocional, físico ou sexual. No entanto, isso não quer dizer que todas as pessoas que recebem o diagnóstico de TOC têm um histórico de traumas na infância.

O porquê de as vivências traumáticas deixarem efeitos que perduram pela vida e podem se associar aos transtornos psiquiátricos diagnosticados muitos anos depois não é totalmente conhecido. Temos alguns estudos que mostram que viver uma situação que gera muito medo ou estresse pode alterar tanto alguns marcadores biológicos quanto aspectos psicológicos e sociais.

Possivelmente, o trauma vivido no período da infância é mais suscetível a deixar uma sequela traumática por conta da fase do desenvolvimento cerebral e psicológico. É na infância que aprendemos a reagir ao que acontece à nossa volta, e, portanto, esses aprendizados podem ser mais fundamentais para a nossa sobrevivência. Além disso, a nossa capacidade de compreender e nos defender das situações traumáticas é menor na infância, o que pode intensificar as sensações de medo e desamparo que costumam acompanhar circunstâncias ameaçadoras.

É importante ressaltar que a vivência de traumas na infância não se relaciona ao desenvolvimento de sintomas de um transtorno psiquiátrico específico. Diversos sintomas de diferentes transtornos estão associados a esse tipo de estressor. As causas específicas do desenvolvimento do TOC em decorrência de vivências traumáticas ocorridas na infância são ainda desconhecidas.

É possível levantar a hipótese de que a vivência de traumas na infância se associe à percepção de todos os ambientes como mais perigosos, o que poderia potencializar reações defensivas de diversas naturezas. Já que, muitas vezes, os sintomas do TOC podem ser entendidos como tentativas de controle do ambiente, é possível supor que eles sejam formações defensivas. No entanto, o quanto essa hipótese poderia explicar a ocorrência do TOC não é conhecido.

Reações inatas e aprendidas: o que isso tem a ver com o TOC?

Algumas das nossas reações são compartilhadas com todas as outras pessoas e foram, de alguma forma, selecionadas ao longo da evolução (p. ex., reações automáticas de luta, fuga ou congelamento diante de ameaças). São reações que trouxeram alguma vantagem de sobrevivência, capaz de proteger a nossa espécie no

> Todas as pessoas têm sobressaltos, mas nem todo mundo sente medo das mesmas coisas.

ambiente em que evoluímos. No entanto, é importante saber que a maior parte do que fazemos hoje foi aprendida ao longo da vida, não nasceu conosco.

Por exemplo, nascemos com a capacidade de reconhecer que um estrondo, um barulho muito forte e repentino, é um sinal de perigo. A reação de susto, de sobressalto, que acompanha um estrondo foi selecionada na nossa espécie e, independentemente da nossa história, ela aparece. No entanto, a sensação de medo que associamos com esse sobressalto e que passamos a sentir em relação a vários outros elementos do ambiente, como pessoas que nos fizeram mal ou lugares onde sofremos algum trauma, são aprendidas. Por isso todas as pessoas têm sobressaltos, mas nem todo mundo sente medo das mesmas coisas.

É possível aprender a ter sintomas obsessivo-compulsivos?

Uma criança que faz um ritual porque imita o comportamento de um dos pais que tem TOC não desenvolverá, por conta disso, o transtorno. Quem faz rituais por imitação consegue facilmente interrompê-los quando aprende que eles não são necessários. Portanto, o aprendizado dos sintomas não é uma simples imitação.

O aprendizado no caso do TOC ocorre para aquilo que dispara pensamentos obsessivos ou sensações desconfortáveis (os fenômenos sensoriais comentados em outra parte deste livro) e para o efeito de alívio produzido pelos rituais compulsivos. É possível, ao longo da vida, aprender a relacionar algum elemento do ambiente (um fio de cabelo no piso branco, uma gota de sangue na pia, o latão de lixo, objetos desalinhados, uma blasfêmia, uma imagem de um acidente, etc.) à sensação de medo, à ansiedade ou aos fenômenos sensoriais.

Uma vez que essa relação entre o ambiente e o desconforto é estabelecida, esses elementos do ambiente passam a desencadear sensações desconfortáveis que podem ou não ser acompanhadas de pensamentos obsessivos. A partir daí surge a possibilidade de, entre as tentativas de lidar com essas sensações desconfortáveis, aparecerem compulsões que, por um intervalo limitado de tempo, conseguem trazer alívio para o desconforto e para os pensamentos.

Usando como exemplo um sintoma de contaminação, podemos imaginar a seguinte sequência: uma pessoa associa sensações muito ruins de nojo e medo ao ficar próxima ao latão de lixo. Junto com essas sensações, tem pensamentos recorrentes de que o contato com o lixo pode trazer doenças. Ao tentar se livrar desse desconforto, a pessoa lava as mãos repetidas vezes e, após algumas repetições, sente finalmente um alívio, e os pensamentos desaparecem temporariamente. A partir dessa experiência, todas as vezes que a proximidade com o lixo a deixar desconfortável, ela, provavelmente, se engajará em comportamentos repetitivos de lavar as mãos para tentar se sentir melhor.

> O conteúdo dos sintomas do TOC e o que pode desencadear uma sensação desconfortável são muito variáveis de pessoa para pessoa. Logo, mesmo que algum dia nós saibamos melhor como os sintomas do TOC aparecem, é possível que a explicação da origem dos sintomas não seja a mesma para todas as pessoas com esse transtorno.

Também existe a possibilidade de que o conteúdo de um pensamento seja associado à sensação de medo ou ansiedade independentemente do que está acontecendo no ambiente externo. Imaginar a cena de um acidente de carro ou pensar que alguém conhecido pode morrer podem ser por si só desencadeantes de medo e ansiedade. Nesses casos, o aprendizado também pode ocorrer em relação ao efeito dos rituais, como, por exemplo, tentar ter um pensamento bom para anular os pensamentos ruins.

É importante ressaltar, no entanto, que muito do porquê de as pessoas associarem certos estímulos do ambiente aos pensamentos e sensações desconfortáveis é ainda desconhecido. Temos algumas hipóteses de como certas experiências podem resultar no aprendizado de medo, mas nenhuma delas conseguiu ser comprovada ou foi capaz de explicar tudo o que observamos em relação aos sintomas de TOC e de como eles aparecem. Por isso, nenhum profissional vai ser capaz de dizer exatamente como você veio a desenvolver sintomas do TOC.

Além disso, o conteúdo dos sintomas do TOC e o que pode desencadear uma sensação desconfortável são muito variáveis de pessoa para pessoa. Logo, mesmo que algum dia nós saibamos melhor como os sintomas do TOC aparecem, é possível que a explicação da origem dos sintomas não seja a mesma para todas as pessoas com esse transtorno.

Os sintomas do TOC são os mesmos em todos os lugares do mundo?

Como já foi comentado em outros capítulos deste livro, o TOC é definido pela forma dos seus sintomas (pensamentos repetitivos que causam desconforto, fenômenos sensoriais desagradáveis, compulsões ou rituais que aliviam o desconforto de pensamentos e fenômenos sensoriais) e não pelo seu conteúdo (contaminação, ordenação e simetria, medo de ser responsável por um acidente, etc.). Apesar de existirem temas mais comuns entre os conteúdos dos sintomas do TOC, seu diagnóstico não é limitado a esse conjunto de conteúdos mais frequentes.

Em relação à forma dos sintomas, não parece haver grande impacto de aspectos culturais na frequência dos sintomas em diferentes populações. Em outras palavras, o TOC é um transtorno encontrado em diversas culturas sem grandes diferenças em relação à proporção de pessoas afetadas por esse transtorno. No entanto, já foram encontradas variações culturais relacionadas ao conteúdo dos sintomas do TOC. Por exemplo, a frequência e o tipo de pensamentos relacionados a acidentes, cenas de violência e medo de ser responsável pela morte de alguém variam entre as diferentes culturas. Portanto, a forma dos sintomas do TOC parece ser independente de aspectos culturais, porém o seu conteúdo pode ser influenciado pela cultura na qual o indivíduo está inserido.

Cabe aqui uma ressalva: a quantidade e a qualidade de estudos de aspectos transculturais do TOC são limitadas. Estudos de natureza mais antropológica, por exemplo, que tenham investigado a ocorrência do TOC em culturas isoladas do contato com as influências ocidentais não estão disponíveis. Portanto, não é possível tecer hipóteses relacionadas à presença ou não de sintomas do TOC nessas culturas.

Fatores como classe social e aspectos racializados influenciam os sintomas de TOC?

Fatores sociais e racializados estão muito relacionados com o risco de exposição aos traumas na infância, com o acesso aos serviços de saúde e com a qualidade do tratamento médico ou psicológico recebido. Portanto, mesmo que classe social e aspectos racializados não estejam associadas ao desenvolvimento do TOC, esses fatores certamente influenciam a evolução e a gravidade dos sintomas.

Além disso, as experiências de privação econômica e de discriminação racial alteram a forma como reagimos ao ambiente, aumentando sensações de insegurança e diminuindo a capacidade de confiar em outras pessoas. Especificamente em relação aos aspectos racializados, é frequente que pessoas de minorias raciais vivam experiências de discriminação dentro dos ambientes de atendimento médico. Logo, a interação de pessoas pertencentes aos estratos sociais que enfrentam maior privação econômica e às minorias raciais com os serviços de saúde merece atenção especial, para que todos possam contar com o melhor tratamento possível e consigam se manter em acompanhamento adequado pelo tempo necessário. Cabe aos profissionais de saúde serem sensíveis às questões raciais e conseguirem restabelecer relações de confiança.

Em relação ao atendimento de pessoas das comunidades indígenas tradicionais, é importante não menosprezar ou ridicularizar os efeitos dos tratamentos tradicionais dessas populações. O vínculo dos profissionais de saúde com os representantes dessas comunidades responsáveis pelo cuidado espiritual dos seus membros pode ser essencial para que as pessoas possam se beneficiar dos tratamentos médicos convencionais.

> Fatores ambientais podem influenciar o TOC. Certas reações, como o medo de barulhos altos, são universais, enquanto outras, como medos específicos, podem ser aprendidas ao longo da vida.

Fatores ambientais podem influenciar o TOC. Certas reações, como o medo de barulhos altos, são universais, enquanto outras, como medos específicos, podem ser aprendidas ao longo da vida. No TOC, estímulos do ambiente podem ser associados a sensações desconfortáveis, levando a comportamentos obsessivos e compulsivos. Embora traumas e experiências possam aumentar a vulnerabilidade ao TOC, as causas exatas e como esses fatores resultam no transtorno ainda não são totalmente compreendidos.

Como interagem os fatores biológicos e ambientais no TOC?

A nossa constituição genética, como foi visto no início deste capítulo, pode facilitar ou prejudicar certos tipos de resposta ao que acontece no ambiente. Algumas pessoas, por exemplo, podem responder mais a um hormônio que liberamos em situações de estresse, chamado de cortisol. Essa diferença na resposta pode modificar a persistência de uma memória traumática e alterar o nosso risco de desenvolver ou não um quadro de estresse crônico.

No entanto, na maior parte do tempo, não é possível dizer se determinada constituição genética é melhor ou pior do que qualquer outra, porque tudo depende do que acontece nas nossas vidas. Uma constituição que pode ser boa para evitar que o estresse seja crônico, por exemplo, pode ser ruim quando alguém passa por situações repetidas de trauma sem aprender a fugir de outras situações parecidas. Por outro lado, nossas experiências de vida também modificam o funcionamento biológico do nosso sistema nervoso, de tal forma que esses dois aspectos não são separados, mas há influências mútuas e dinâmicas ocorrendo o tempo todo. Nesse sentido, certas características genéticas podem também predispor o indivíduo a se expor mais ou menos a certos fatores ambientais que podem aumentar ou diminuir o risco da expressão da doença.

O que se sabe sobre a participação de substâncias químicas cerebrais no TOC?

Envolvimento de neurotransmissores

O cérebro é composto por células chamadas neurônios, que se comunicam por meio de substâncias químicas conhecidas como neurotransmissores. Existem dezenas de neurotransmissores diferentes, cada um desempenhando um papel específico na comunicação neuronal. No TOC, a serotonina é um neurotransmissor de particular interesse, pois tem sido demonstrado que a alteração de sua disponibilidade pode influenciar os sintomas do transtorno. No entanto, seria simplista atribuir o TOC a um único neurotransmissor. Os neurotransmissores interagem de maneira complexa e integrada, e a pesquisa continua a explorar como outros neurotransmissores, como o GABA, a dopamina e o glutamato, podem estar envolvidos no TOC. Estudos têm investigado se a combinação de medicamentos que afetam esses diferentes neurotransmissores pode oferecer benefícios adicionais no tratamento do TOC.

Ação dos medicamentos

Os medicamentos que agem no sistema nervoso central, conhecidos como psicotrópicos ou psicofármacos, têm seu efeito baseado na alteração da disponibilidade de neurotransmissores ou na modulação direta dos receptores desses neurotransmissores. No contexto do TOC, os antidepressivos que aumentam a disponibilidade de serotonina, conhecidos como medicamentos serotoninérgicos, têm eficácia comprovada na redução dos sintomas (ver Capítulo 7). No entanto, esses medicamentos geralmente levam de 3 a 4 semanas de uso contínuo para começar a fazer efeito, sugerindo que a melhora dos sintomas pode ser resultado de efeitos compensatórios ao aumento da serotonina, e não apenas da sua disponibilidade aumentada. Além disso, a combinação de medicamentos serotoninérgicos com outros que aumentam o efeito do neurotransmissor GABA ou bloqueiam os receptores de dopamina ou glutamato tem sido explorada, com resultados promissores, mencionados no Capítulo 6. A pesquisa contínua busca desenvolver medicamentos que possam potencializar o efeito dos antidepressivos serotoninérgicos, oferecendo melhores resultados no tratamento do TOC.

O que acontece no cérebro de quem tem TOC?

Fatores genéticos interagindo com fatores ambientais precoces vão contribuir para a formação e a conexão entre os circuitos cerebrais de cada indivíduo ao longo do desenvolvimento. O TOC está associado a alterações em circuitos cerebrais específicos, principalmente no circuito córtico-estriatal-talâmico--cortical (CSTC). Esse circuito conecta diferentes regiões do cérebro, incluindo o córtex orbitofrontal, o núcleo estriado e o tálamo. Em pessoas com TOC, há uma hiperatividade nesse circuito, o que faz pensamentos obsessivos serem processados de forma contínua e irracional, levando à necessidade compulsiva de realizar certos comportamentos ou rituais.

> Apesar das descobertas sobre alterações cerebrais sutis em pessoas com TOC, é importante destacar que elas são observadas em estudos com grupos de pacientes e não podem ser aplicadas de forma confiável a cada indivíduo isoladamente.

Além do CSTC, outras regiões e conexões cerebrais podem estar alteradas e também desempenham um papel importante no TOC, como o circuito fronto-límbico e o circuito sensório-motor. O circuito fronto-límbico, que conecta o córtex pré-frontal, a amígdala, o hipocampo, o núcleo *accumbens*, o tálamo e o córtex cingulado anterior, é responsável pela regulação das emoções, especialmente aquelas relacionadas ao medo e à incerteza. Em indivíduos com TOC, o processamento emocional está alterado, o que pode resultar em uma resposta exagerada a pensamentos ou situações que não representam uma ameaça real. Por exemplo, um pensamento intrusivo sobre contaminação pode ser interpretado como um perigo iminente, levando a comportamentos compulsivos de limpeza. Já o circuito sensório-motor – que conecta regiões como o córtex pré-motor, o córtex motor primário, o córtex somatossensorial e áreas subcorticais, como o núcleo estriado – está implicado na modulação dos comportamentos motores repetitivos e dos fenômenos sensoriais.

Apesar das descobertas sobre alterações cerebrais sutis em pessoas com TOC, é importante destacar que elas são observadas em estudos com grupos de pacientes e não podem ser aplicadas de forma confiável a cada indivíduo isoladamente. Ou seja, mesmo que existam evidências de que certas áreas e circuitos do cérebro funcionam de maneira diferente em pessoas com TOC, atualmente não é possível identificar essas mudanças de forma individual.

Considerações finais

Compreender os sintomas e as possíveis causas do TOC, bem como sua relação com fatores genéticos e ambientais, é essencial para desenvolver intervenções eficazes e personalizadas, além de oferecer um prognóstico mais preciso sobre a recuperação dos pacientes.

Os fatores genéticos desempenham um papel significativo no desenvolvimento do TOC, como demonstrado pela maior prevalência do transtorno em familiares de primeiro grau de pessoas afetadas. Estudos com gêmeos indicam que a genética contribui para o risco de TOC, embora não exista um único gene responsável pelo transtorno. Em vez disso, o TOC resulta da interação complexa de múltiplos genes. Além disso, pessoas sem histórico familiar também podem desenvolver TOC, embora geralmente com um início mais tardio. O avanço da pesquisa genética é promissor, mas ainda é limitado a algumas populações, o que reforça a necessidade de mais estudos diversificados.

Assim como os fatores genéticos, os aspectos ambientais também têm um papel crucial no desenvolvimento do TOC. Experiências traumáticas na infância, como negligência ou abuso, podem contribuir para a vulnerabilidade ao transtorno, embora a relação exata entre trauma e TOC ainda não seja completamente compreendida. Fatores culturais e sociais influenciam o conteúdo dos sintomas, mas a forma geral dos sintomas parece ser consistente em diferentes populações. A interação entre fatores biológicos e ambientais é complexa e bidirecional, e o tratamento do TOC envolve ajustar tanto os aspectos neuroquímicos quanto os comportamentais, com o objetivo de melhorar a qualidade de vida dos indivíduos afetados.

Além disso, alterações nos circuitos cerebrais também foram demonstradas em pessoas com TOC. Estudos mostram que o transtorno está associado a uma hiperatividade no CSTC, que conecta áreas do cérebro responsáveis pela regulação de pensamentos e comportamentos. Essa hiperatividade pode levar à persistência de pensamentos obsessivos e à necessidade compulsiva de realizar rituais. Outras áreas cerebrais, como o circuito fronto-límbico, que regula as emoções, e o circuito sensório-motor, que modula comportamentos motores repetitivos, também estão implicadas no TOC. Embora as descobertas sobre as alterações cerebrais ofereçam informações valiosas, não há exames de neuroimagem capazes de diagnosticar o TOC em determinada pessoa, tornando essas informações mais úteis para compreender o transtorno em grupos de indivíduos.

Capítulo **6**

TOC na infância e na adolescência

Priscila de Jesus **Chacon**
Pedro Macul F. de **Barros**
Luis Carlos **Farhat**
Maria Conceição do **Rosário**

▎ TOC é frequente em crianças e adolescentes?

Conforme discutido no Capítulo 3, a prevalência do transtorno obsessivo-compulsivo (TOC) ao longo da vida gira em torno de 2% na população adulta mundial. As estimativas são de que, em cerca da metade desses indivíduos, os sintomas obsessivo-compulsivos (SOCs) tenham começado na infância ou na adolescência. Até a década de 1980, os relatos de casos de TOC na infância e na adolescência eram poucos e limitados pelo pequeno número de casos. Foi apenas em 1989 que o Instituto Nacional de Saúde Mental (NIMH) dos Estados Unidos publicou o primeiro estudo sobre crianças e adolescentes com TOC, utilizando critérios padronizados para o diagnóstico. Esse estudo relatou uma taxa anual de TOC em torno de 0,7%. Na mesma época, outro estudo nos Estados Unidos encontrou taxas ainda mais altas de prevalência, com 3% para TOC e 19% para SOCs (quando a pessoa tem sintomas, mas não preenche todos os critérios para o diagnóstico de TOC). Em Israel, os pesquisadores encontraram uma prevalência de 3,5% para TOC entre os adolescentes. No Brasil, dados do Projeto Conexão indicaram uma prevalência de 3,1% de TOC em uma amostra de crianças de 6 a 12 anos.

É importante ressaltar que, apesar de os estudos demonstrarem que o TOC em crianças e adolescentes é razoavelmente frequente, estabelecer o diagnóstico na infância pode ser um desafio. Alguns motivos para isso incluem o fato de que sin-

> Alguns motivos que tornam o diagnóstico de TOC em crianças e adolescentes um desafio incluem o fato de que sintomas de ansiedade, medos e/ou preocupações são frequentes na infância, e alguns sintomas obsessivos-compulsivos são considerados normais nessa fase da vida.

tomas de ansiedade, medos e/ou preocupações são frequentes na infância, e alguns SOCs são considerados normais nessa fase da vida.

As crianças com TOC podem reconhecer ou não que têm sintomas e que eles são excessivos ou sem sentido, e muitas vezes os escondem, por vergonha ou medo de falar sobre eles, até para os pais. Considerando essas características, a maioria das crianças e dos adolescentes com TOC leva muito tempo para comunicar sua situação aos adultos, o que, por consequência, retarda o início do tratamento adequado e aumenta o risco de os sintomas ficarem mais graves.

O modo de diagnosticar o TOC muda de acordo com a idade?

De acordo com os manuais mais recentes utilizados para o diagnóstico de transtornos mentais – o *Manual diagnóstico e estatístico de transtornos mentais* (DSM-5-TR) e a Classificação Internacional de Doenças (CID-11) –, os critérios para estabelecer o diagnóstico de TOC são os mesmos para todas as faixas etárias. Apesar disso, os estudos indicam que o TOC é um transtorno bastante heterogêneo, com vários possíveis tipos de sintomas, e que há algumas diferenças na forma com que esses SOCs se manifestam de acordo com as diversas faixas etárias. Assim, existem diferenças na distribuição do TOC entre os sexos de acordo com a idade. Por exemplo, entre crianças com TOC, quanto menor é a idade, maior é o número de meninos. Já em pessoas mais velhas essa diferença diminui, chegando a uma prevalência igual ou até discretamente maior em mulheres na idade adulta.

Outra característica é uma frequência aumentada de tiques e/ou transtorno (síndrome) de Tourette em crianças com TOC. Cerca de 20% das crianças estudadas durante uma pesquisa do NIMH desenvolveram tiques. A síndrome de Tourette é diagnosticada quando o indivíduo apresenta vários tiques motores (i.e., movimentos corporais) e pelo menos um tique vocal (i.e., vocalizações) por um período mínimo de um ano (ver Capítulo 4). As crianças com TOC apresentam, ainda, maior ocorrência de história familiar, ou seja, quanto mais precoce é o início dos SOCs, maior é a possibilidade de parentes de primeiro grau também apresentarem SOCs, TOC, tiques e/ou síndrome de Tourette.

Em relação ao quadro clínico, pensamentos obsessivos podem ser menos frequentes em crianças do que em adultos, e, muitas vezes, elas só os relatam após insistentes questionamentos. Talvez por essa razão, pessoas que apresentam predominantemente rituais compulsivos sejam mais observadas na infância.

Outra característica da infância e da adolescência é que há maior probabilidade de as compulsões serem realizadas apenas para aliviar uma sensação e/ou percepção ruim de mal-estar, ansiedade, incompletude ou imperfeição, sem qualquer relato de medo ou preocupação precedendo os rituais. Essas sensações e/ou percepções são descritas como fenômenos sensoriais, detalhados a seguir.

Os fenômenos sensoriais

Como foi descrito nos Capítulos 1 e 2, as obsessões e compulsões são os sintomas mais característicos do TOC. Entretanto, indivíduos com TOC frequentemente descrevem que algumas compulsões são precedidas ou acompanhadas por sensações, sentimentos e/ou percepções desagradáveis ou desconfortáveis, também chamados de fenômenos sensoriais (FSs). As descrições iniciais dos FSs foram feitas por pessoas com tiques, que descreveram sensações físicas incômodas na pele ou nos músculos, semelhantes à coceira, pinicada ou queimação. Além dessas sensações físicas, indivíduos com TOC e/ou síndrome de Tourette também relatam sensações e/ou percepções mentais que incluem: a) percepções visuais, auditivas e/ou táteis de que algo não está como deveria e que os levam a realizar as compulsões até terem a percepção de que o objeto ou situação está "*just right*" ou "em ordem"; b) sensações de tensão ou energia crescente que precisa ser descarregada por meio da realização dos comportamentos repetitivos; c) sentimentos de incompletude, imperfeição, insuficiência. Em um estudo do Consórcio Brasileiro de Pesquisa em Transtornos do Espectro Obsessivo-Compulsivo (C-TOC) com 1.001 participantes, 65% deles relataram que suas compulsões eram precedidas ou acompanhadas por pelo menos um tipo de FS. Para alguns desses indivíduos, os FSs eram mais graves do que as obsessões e compulsões.

Quais são os sintomas de TOC mais frequentes nessa faixa etária?

Embora alguns temas sejam relatados com frequência, é importante ressaltar que cada pessoa tem uma história distinta. O quadro de TOC costuma ter início com apenas uma obsessão e/ou compulsão, havendo posteriormente uma sobreposição de sintomas. O início deles pode ser agudo ou gradual, e eles tendem a se modificar bastante durante o curso da doença, que em geral é crônico e flutuante, sem um padrão determinado de evolução.

Como produtos mentais, as obsessões podem surgir a partir de qualquer substrato da mente, como palavras, pensamentos, medos, preocupações, memórias, imagens, músicas ou cenas. Em relação ao conteúdo, também não existem limites para a variedade possível das obsessões e compulsões, mesmo nessa faixa etária. No entanto, vários temas têm sido reconhecidos como frequentes na infância e na adolescência, sem apresentar muita diferença dos sintomas dos adultos. Entre os temas, destacam-se os listados a seguir.

- **Contaminação** – o indivíduo refere uma preocupação de que ele próprio e/ou outras pessoas possam se contaminar. Sente-se ansioso, preocupado ou com medo de sujeira, germes, secreções corporais (urina, fezes, saliva), poluentes ambientais (radiação, poeira) ou animais.
- **Limpeza e lavagem** – a pessoa faz lavagens excessivas ou ritualizadas de alguma parte do corpo ou de objetos. Algumas vezes, esses sintomas só são percebidos quando a pessoa começa a apresentar irritações, rachaduras ou até sangramento na pele. É possível também que tome providências para prevenir ou remover o contato com substâncias que possam causar contaminação, como usar luvas ou exigir que os familiares lhe deem banho.
- **Simetria, ordenação e arranjo** – é a necessidade de ter objetos em determinado lugar ou simetricamente alinhados ou pareados. Os portadores relatam que muitas vezes a precisão da tarefa se torna mais importante do que sua concretização, pois, caso essa ordem seja perdida ou alterada, surgem sensações de desconforto, mal-estar e/ou ansiedade.
- **Agressão** – o indivíduo tem medo de se ferir ou de ferir outras pessoas. Podem ocorrer imagens mentais violentas ou terríveis de acidentes, assassinatos; medo de dizer involuntariamente obscenidades ou insultos; temor de executar impulsos; medo de ser responsável por algo terrível que aconteça, como incêndios ou inundações. Por exemplo, um menino de 8 anos passou a chorar muito, pois "via em pensamento" imagens de sua mãe em um acidente de carro.
- **Verificação e/ou checagem** – a pessoa verifica repetidamente portas, fechaduras, fogão, janelas; checa se não se feriu ou se não feriu outras pessoas; verifica se nada de terrível aconteceu; confere se não cometeu erros.
- **Acumulação ou colecionismo** – a pessoa guarda coisas desnecessárias, em geral objetos sem valor (p. ex., jornais, revistas, papéis de bala); tem medo de perder coisas que acredita que possam lhe ser úteis posteriormente; checa repetidas vezes se algum objeto se perdeu.

- **Compulsões *tic-like*** – são rituais semelhantes a tiques, mas realizados com o objetivo de diminuir a ansiedade, o desconforto, o medo ou a preocupação, causados por uma obsessão ou por algum fenômeno sensorial. São exemplos de compulsões *tic-like*: precisar bater em algum móvel várias vezes; "ter que tocar" nas costas de alguma pessoa para evitar que algo ruim aconteça.

Como reconhecer os sintomas do TOC em crianças?

Na infância, provavelmente ainda mais do que na idade adulta, os indivíduos podem manter seus sintomas em segredo, e até mesmo os pais podem levar vários meses para notar que algo não está bem com seus filhos. Com frequência, crianças com TOC se mostram mais reservadas, tímidas e/ou perfeccionistas.

Algumas alterações nos comportamentos podem indicar a presença de SOC, como as descritas.

- O tempo gasto no banheiro tende a aumentar, tanto em banhos prolongados quanto em lavagens repetidas das mãos e/ou escovação de dentes.
- O desempenho escolar pode piorar, geralmente pelo tempo gasto para checar ou refazer muitas vezes as lições e, em algumas crianças, pela dificuldade em manter a concentração na sala de aula ou durante a realização dos exercícios em casa.
- Os hábitos ou rituais normais na hora de dormir ou comer passam a consumir tempo excessivo e a apresentar detalhes minuciosos (p. ex., uma menina de 6 anos necessitava rezar várias vezes junto com os pais antes de dormir; um menino de 8 anos não conseguia comer com talheres, pois não podia encostá-los nos lábios).
- Alguns comportamentos do dia a dia passam a ser muito repetitivos ou precisam ser realizados de modo específico, e a criança fica irritada quando a interrompem (p. ex., um menino de 13 anos só conseguia sair de casa após tocar 50 vezes em todos os móveis da sala; outro, de 7 anos, não podia pisar nas junções da calçada com um pé sem imediatamente pisar com o outro pé, para obter uma sensação de equilíbrio e alívio).

Alguns pais relatam que seus filhos com TOC querem que tudo aconteça "do jeito deles", ou seja, apresentam uma rigidez de comportamento muito grande e exigem que os familiares participem de seus rituais ou que se adaptem aos SOCs. Ao acatar esses pedidos, a família permite que os indivíduos levem muito tempo realizando determinado ritual, que se atrasem para compromissos ou que não façam as refeições juntos (quando, por exemplo, a pessoa tem receio de se contaminar com a saliva do irmão).

Como é possível diferenciar um comportamento repetitivo característico de uma fase do desenvolvimento dos sintomas do TOC?

Outra dificuldade para o diagnóstico do TOC na infância é a semelhança entre os SOCs e alguns comportamentos repetitivos, ou rituais, característicos de determinadas fases do desenvolvimento. Esses comportamentos podem ter início a partir dos 2 anos até a idade adulta. A seguir, são descritos alguns rituais normais durante esses períodos.

Aos 2 anos, as crianças começam a apresentar intensificação de comportamentos repetitivos. Os rituais mais comuns nessa fase pré-escolar, entre 2 e 6 anos, acontecem principalmente nos horários de dormir, comer e/ou tomar banho, e os pais podem ser obrigados a realizar as atividades com seus filhos de acordo com uma sequência fixa e/ou predeterminada. Por exemplo, as crianças pedem para ouvir as mesmas histórias diversas vezes, contadas da mesma maneira; pedem para assistir a alguns filmes repetidamente; durante as refeições, os alimentos precisam estar dispostos no prato da maneira que acham estar adequada, ou sem se tocar; só tomam banho se estiverem com alguns brinquedos específicos; não conseguem dormir sem realizar alguns rituais, tais como a mãe dar três beijos no rosto antes de sair do quarto, manter a porta aberta em um ângulo determinado e dizer "boa noite" certo número de vezes para os pais.

A partir dos 6 anos, os rituais se manifestam mais em brincadeiras grupais com amigos. Durante essa fase, os jogos passam a ter regras rígidas, muitas vezes tomando mais tempo para serem estabelecidas do que a própria brincadeira. Nesse período, iniciam-se as coleções dos mais variados objetos e desenvolvem-se os *hobbies*. Por exemplo, chaveiros, papéis de carta, revistas, álbuns de figurinhas, bonés e caixas de fósforos, entre outros, passam a ter extrema importância.

Na adolescência, os rituais passam a ser um fenômeno grupal. Por exemplo, comportamentos predeterminados são exigidos para pertencer a uma turma específica, que tem roupas, ati-

> A semelhança entre os sintomas obsessivos-compulsivos e alguns comportamentos repetitivos, ou rituais, característicos de determinadas fases do desenvolvimento dificulta o diagnóstico do TOC na infância.

vidades preferidas e locais para frequentar característicos, seguindo padrões repetitivos. Pensamentos recorrentes sobre um ídolo ou um *hobby* também são frequentes nessa fase.

Na idade adulta, também pode ocorrer acentuação dos rituais durante os períodos pré, peri e pós-natais. Segundo alguns autores, ao final da gestação e durante as primeiras semanas após o nascimento do bebê, os pais, em especial a mãe, passam por um período de alteração do estado mental, com exacerbação de algumas características obsessivo-compulsivas. Por exemplo, pensamentos repetitivos sobre o bem-estar do bebê ocupam muito tempo dos pais e dificultam sua concentração em qualquer outra atividade que não seja a *"maternagem"*. Essas preocupações intrusivas com a saúde e com a possibilidade de algo ruim acontecer ao bebê levam a verificações repetidas. Apesar de saberem que o recém-nascido está bem, os pais verificam várias vezes se o bebê está respirando, se continua no berço, se a fralda não está molhada, se o lençol não está sufocando o bebê, e assim por diante.

Superstições

Outros exemplos de comportamentos ritualísticos comuns a várias pessoas são as superstições. Frequentes em várias culturas, as superstições costumam estar divididas entre comportamentos que podem trazer má sorte, boa sorte ou, ainda, proteção contra acontecimentos ruins. Encontradas em todas as faixas etárias, parece haver uma mudança qualitativa com a idade. Por exemplo, em crianças, os temas dos comportamentos supersticiosos são repletos de fantasia, característicos do pensamento pré-lógico ou mágico (dos 2 aos 6 anos) e do pensamento lógico ou concreto (dos 7 aos 11 anos) (p. ex., não deixam as portas dos armários abertas para que nada de ruim aconteça, cruzam os dedos para não serem punidas quando mentem, olham várias vezes embaixo da cama para checar se não tem nenhum monstro, etc.).

Em adultos, as superstições costumam estar relacionadas com atividades para obter êxito ou evitar o azar, intensificadas em situações de estresse. Alguns exemplos de superstições em adultos são: assinar documentos importantes com a caneta favorita; usar fitas do Nosso Senhor Bonfim ou de Nossa Senhora Aparecida; usar amuletos; não passar embaixo de escadas; não quebrar espelhos, entre outros (ver Quadro 6.1).

> Frequentes em várias culturas, as superstições costumam estar divididas entre comportamentos que podem trazer má sorte, boa sorte ou, ainda, proteção contra acontecimentos ruins.

Crianças com muitos rituais e/ou muito supersticiosas têm mais risco de desenvolver TOC?

Apesar das semelhanças (principalmente a característica de ocorrerem de forma repetida e muitas vezes não fazerem sentido), são poucos os estudos que abordaram diretamente essa questão, e não existe qualquer evidência de continuidade entre as superstições e o TOC. Por exemplo, uma pesquisa comparou um grupo de crianças com TOC a um grupo de crianças sem TOC e encontrou que os dois grupos não diferiram em relação a número, frequência e conteúdo das superstições e/ou rituais normais encontrados em algumas fases do desenvolvimento. Relatou também que os indivíduos com TOC conseguiam distinguir os SOCs das suas superstições. No Quadro 6.1, apresentamos algumas superstições frequentes no Brasil.

Quando os rituais ou "manias" se transformam em sintomas do TOC?

É importante reconhecer quando os comportamentos repetitivos, descritos anteriormente, frequentes na infância ou em outras fases do desenvolvimento se tornam doentios e quando as crianças e/ou adolescentes passam a necessitar de ajuda. Os comportamentos repetitivos próprios do desenvolvimento ocorrem durante essas fases específicas da vida; eles não causam interferência na vida das pessoas e/ou não duram mais do que uma hora por dia.

> Comportamentos repetitivos próprios do desenvolvimento ocorrem durante essas fases específicas da vida; eles não causam interferência na vida das pessoas e/ou não duram mais do que uma hora por dia.

Além disso, os rituais característicos da infância e/ou adolescência não interferem no desempenho normal, geralmente auxiliam a socialização e o controle da ansiedade em fases de transição do desenvolvimento e costumam acalmar as crianças. Para o diagnóstico do TOC em crianças e adolescentes, é extremamente importante avaliar os seguintes aspectos:

- *Qual é a frequência dos comportamentos repetitivos e/ou dos pensamentos, medos, preocupações e/ou fenômenos sensoriais? Ou seja, com que frequência ocorrem e quanto tempo duram?*
- *Qual é a intensidade dos SOCs? Ou seja, quanto incômodo, ansiedade e/ou desconforto causam?*

Quadro 6.1
SUPERSTIÇÕES FREQUENTEMENTE ENCONTRADAS NO BRASIL

Eventos que trazem má sorte	Eventos que trazem boa sorte	Eventos para proteção
Ver um gato preto	Fazer um pedido a uma estrela cadente	Jogar sal em si mesmo ou ter sal grosso em locais da casa
Passar embaixo de uma escada	Atirar uma moeda na fonte	Ter vasos de água em casa
Quebrar um espelho	Guardar um pé de coelho	Bater na madeira três vezes
Abrir um guarda-chuva em um local fechado	Fazer o sinal da cruz ao passar por uma igreja	Ter plantas contra "olho gordo" em casa ou no escritório
Deixar a porta do guarda-roupa aberta	Usar um amuleto (p. ex., uma fita do Senhor do Bonfim)	
Deixar o chinelo virado	Fazer um pedido ao entrar pela primeira vez em uma igreja ou templo religioso	

- Quais são a interferência e o grau de comprometimento no funcionamento da criança e/ou do adolescente e de seus familiares (o quanto interferem e/ou atrapalham as atividades diárias da criança e/ou da família)?

Assim como em adultos, para o diagnóstico de TOC em crianças e adolescentes, os sintomas precisam durar pelo menos uma hora por dia e/ou causar incômodo e/ou interferência nas atividades da criança ou de seus familiares.

É muito importante ressaltar que não se deve esperar que os SOCs se tornem graves para buscar ajuda profissional. Quanto mais cedo começar o acompanhamento dessa criança ou adolescente (e de sua família), melhor.

Quais são os outros transtornos psiquiátricos que costumam estar presentes em crianças e adolescentes com TOC?

É importante lembrar que o TOC não costuma acontecer sozinho. O diagnóstico de TOC isolado acontece na minoria dos casos (ver Capítulo 4). Um estudo re-

> O diagnóstico de TOC isolado acontece na minoria dos casos. No caso de crianças e adolescentes, 63,3% deles apresentam pelo menos mais um outro diagnóstico.

cente que analisou vários outros estudos (chamado de metanálise) sobre a presença de outros diagnósticos (chamados de comorbidades) em crianças e adolescentes com TOC mostrou que 63,6% deles tinham pelo menos mais um outro diagnóstico. As comorbidades mais frequentes em crianças e adolescentes com TOC foram: transtorno de ansiedade generalizada (26,6%); depressão (17,1%); transtorno de déficit de atenção/hiperatividade (TDAH) (16,1%); transtorno de ansiedade social (13,6%); fobias (12,8%); transtorno de tiques (11,9%); transtorno de pânico (6,1%); e transtornos do espectro autista (5,8%).

A presença de comorbidades pode dificultar a identificação precoce dos SOCs e o diagnóstico de TOC. Pode também ter vários impactos nos sintomas do TOC, além de interferir na evolução do TOC ao longo do tempo, geralmente aumentando a gravidade dos SOCs. Por exemplo, os sintomas de preocupação e medos presentes em pessoas com transtorno de ansiedade generalizada, fobias e transtorno de ansiedade social podem ser confundidos com as obsessões do TOC. Quando as obsessões estão muito intensas, é muito difícil a pessoa conseguir focar a atenção e/ou se concentrar nas atividades, o que pode ser confundido com sintomas do TDAH. A presença de comorbidades também pode determinar mudanças relevantes nas estratégias de tratamento, seja na psicoterapia ou no tratamento farmacológico.

É possível prevenir o TOC? Quando se deve procurar tratamento?

Para falar sobre prevenção, é preciso lembrar que o TOC é um transtorno heterogêneo, tanto do ponto de vista clínico quanto de suas possíveis causas, ou seja, causas genéticas e ambientais interagem continuamente para o surgimento dos sintomas ou a modulação do quadro ao longo da vida. Sabe-se, por exemplo, que a presença de SOCs e TOC em familiares de primeiro grau aumenta a probabilidade de uma criança desenvolver a doença. Portanto, caso haja na família alguma criança com SOCs e outros familiares com história de TOC, deve-se ficar atento ao quanto esses comportamentos ocupam do tempo da criança e ao quanto interferem e/ou causam prejuízo nas atividades e no funcionamento dela e/ou da família. A ajuda profissional não deve vir apenas quando a criança já está com sintomas graves.

Essa ajuda pode e deve acontecer o quanto antes, de maneira que as consequências e o sofrimento possam ser minimizados. Além de redobrar a atenção, os pais podem conversar com seus filhos sobre o que está acontecendo, explicar que muitas outras crianças têm esses comportamentos e que é possível buscar ajuda de profissionais que estão muito habituados a esse tipo de problema. Um psiquiatra ou um terapeuta comportamental deve ser procurado com o objetivo de avaliar e fornecer informações

> A ajuda profissional não deve vir apenas quando a criança já está com sintomas graves. Essa ajuda pode e deve acontecer o quanto antes, de maneira que as consequências e o sofrimento possam ser minimizados.

mais precisas sobre como lidar com os SOCs. Tais avaliações e propostas de intervenção podem e devem ser realizadas antes que a criança passe a ter sua vida diária prejudicada pelo TOC. Vários estudos têm demonstrado que quanto maior for o tempo entre o início dos SOCs e o início do tratamento adequado, maior será o risco de a criança ter um quadro mais grave de TOC.

Como se faz o tratamento do TOC em crianças e adolescentes?

O objetivo principal do tratamento deve ser sempre ajudar a criança ou o adolescente a ter um desenvolvimento normal. Cabe considerar, ainda, que o TOC é um transtorno crônico, o que fará esses jovens precisarem de tratamento por um longo período.

O tratamento do TOC começa com uma avaliação abrangente e detalhada do portador e de sua família. Após a identificação dos sintomas principais e de seu grau de prejuízo sobre o funcionamento do indivíduo e da família, estabelece-se o programa de tratamento, que deve ser realizado por meio de intervenções de orientação e apoio para o portador e seus familiares (psicoeducação), psicoterapia e, muitas vezes, medicamentos específicos. No caso de crianças e adolescentes, é muito importante que a família participe de todas as etapas do tratamento, pois pesquisas têm revelado que ele apresenta melhores resultados quando os familiares se engajam de forma ativa. Essas estratégias estão descritas brevemente a seguir e em mais detalhes nos Capítulos 7 e 8.

> No caso de crianças e adolescentes, é muito importante que a família participe de todas as etapas do tratamento, pois pesquisas têm revelado que ele apresenta melhores resultados quando os familiares se engajam de forma ativa.

Psicoeducação

Uma parte essencial do tratamento corresponde à orientação do portador e de seus familiares sobre as diversas características do TOC, como a variedade dos SOCs, sua prevalência, fatores que podem interferir na gravidade dos sintomas e as estratégias mais eficazes para o tratamento. Um dos pontos mais importantes para se abordar nesse processo de psicoeducação é o grande risco de os familiares desenvolverem altos níveis de "acomodação familiar" – que é a "participação" dos familiares nos sintomas da criança ou do adolescente com TOC (também descrita no Capítulo 8). Isso pode acontecer de várias formas, entre elas ao facilitarem os comportamentos de esquiva (ou evitação), auxiliando a realização dos rituais ou até fazendo adaptações na rotina diária da família de acordo com os SOCs, e ao agirem conforme certas regras específicas ditadas pela criança. Por exemplo, para evitar que seu filho com TOC de checagem fique nervoso, os pais trancam a porta repetidamente. Os exemplos de acomodação familiar são inesgotáveis, e, embora seja uma resposta bem-intencionada por parte dos familiares, quanto maiores são os níveis de acomodação familiar, pior costuma ser a evolução do TOC. Por outro lado, a redução dessas acomodações está associada a uma melhora dos sintomas em médio e longo prazos.

Psicoterapia

As técnicas de exposição com prevenção de resposta (EPR) da terapia cognitivo-comportamental (TCC) têm apresentado bons resultados quanto ao controle dos sintomas, com eficácia em crianças e adolescentes semelhante (ou até superior) à obtida em portadores adultos (ver Capítulo 7). Para realizar a TCC, é importante incentivar a criança a entender melhor o que acontece com ela e a desenvolver coragem para enfrentar seus medos. Com frequência, os rituais têm um efeito imediato para redução do incômodo causado pelas obsessões ou sensações de imperfeição/incompletude, mas também apresentam um efeito no ambiente da criança. Portanto, os pais (ou cuidadores) precisam observar as situações nas quais os rituais ocorrem com mais frequência (p. ex., na escola, na presença de determinada pessoa da família, tal como pai, mãe ou irmão) e as consequências que normalmente acompanham os sintomas. Um olhar cuidadoso sobre essas condições pode trazer elementos importantes a respeito do funcionamento do TOC de uma criança. Em casos nos quais a criança recusa o tratamento, a TCC pode acontecer via orientação dos pais. O terapeuta faz a psicoeducação e o treino dos pais para que possam agir de maneira cuidadosa e terapêutica com seus filhos. Em casos graves, existe indicação de se iniciar a TCC juntamente com o tratamento farmacológico.

Farmacoterapia

Assim como em adultos, os antidepressivos da classe dos inibidores seletivos de recaptação de serotonina (ISRSs) são considerados os medicamentos de primeira linha para o tratamento de crianças e adolescentes, de acordo com as evidências sobre eficácia, tolerabilidade, segurança e baixo potencial de abuso.

É importante ressaltar que, em crianças e adolescentes com TOC, as doses máximas dos medicamentos utilizados são as mesmas que para os adultos com TOC. Mais detalhes sobre a farmacoterapia de pessoas com TOC estão descritos no Capítulo 7.

Algumas características que devem ser consideradas ao se escolher entre os diferentes ISRS incluem: resposta a tratamentos prévios, efeitos colaterais potenciais, interações medicamentosas, presença de comorbidades, custo e disponibilidade do medicamento.

Considerações finais

A falta de conhecimento das características do TOC pela população em geral, e até mesmo no meio médico, tem contribuído para a perpetuação do sigilo e do receio de os indivíduos relatarem seus SOCs, o que prolonga o sofrimento deles e de seus familiares.

Termos como *obsessões*, *manias*, *rituais* e *compulsões* já fazem parte do nosso cotidiano. Entretanto, são geralmente utilizados de forma preconceituosa e depreciativa.

Uma ampla divulgação das características do TOC, tanto em adultos quanto em crianças e adolescentes, abrangendo os profissionais da saúde e da educação, o meio acadêmico e os demais setores da sociedade, poderá contribuir para a diminuição do preconceito em relação ao TOC, o encurtamento do tempo de espera até o tratamento adequado e a melhora da qualidade de vida desses indivíduos e de seus familiares.

Capítulo **7**

Tratamento medicamentoso do TOC

Daniel Lucas da Conceição **Costa**
Caroline Uchoa **Argento**
João Felício Abrahão **Neto**
Luis C. **Farhat**
Natalie Vieira **Zanini**
Pedro Macul F. de **Barros**
Renata de Melo Felipe da **Silva**
Roseli Gedanke **Shavitt**

Princípios gerais do tratamento medicamentoso do TOC

Uma questão nem sempre fácil de entender é que todos os pensamentos, sentimentos e comportamentos estão relacionados ao funcionamento do cérebro, e este, por sua vez, depende de uma série de substâncias químicas, chamadas de neurotransmissores. Assim, uma simples atitude rotineira, como lavar as mãos antes de uma refeição, para ser adequadamente executada, depende da integridade de diversas regiões cerebrais e da interação entre diferentes neurotransmissores (ver Capítulo 5).

Quando se está triste por algum acontecimento, todo o organismo pode alterar seu funcionamento: pode-se perder o apetite, o sono, a disposição, a capacidade de concentração, e assim por diante. Quando se está nervoso, pode-se ter um aumento de secreção de suco gástrico, o que pode favorecer o aparecimento de úlceras. Corpo e mente são, na verdade, uma coisa só. Não há como imaginar a mente, o comportamento e as emoções sem pensar no funcionamento bioquímico do cérebro. Emoções e atitudes pressupõem sempre uma base biológica relacionada a elas. Nos transtornos mentais, isso não é diferente. É possível, portanto, utilizar substâncias químicas (medicamentos ou psicofármacos) para tentar alterar sintomas emocionais.

Há vários tipos de medicamentos utilizados na psiquiatria, uma vez que os transtornos mentais são diversos. Em linhas gerais, pode-se dizer que existem seis grupos principais de psicofármacos que, apesar de seus nomes, têm indicação abrangente. O grupo mais conhecido é o dos ansiolíticos, que têm um efeito quase imediato e aliviam sintomas como ansiedade, tensão, medo e angústia. O segundo grupo é o dos chamados "antidepressivos", classicamente usados na depressão, mas também no transtorno obsessivo-compulsivo (TOC), nos transtornos de ansiedade e em vários outros transtornos mentais. Para quadros que apresentam flutuações do humor, irritabilidade e/ou impulsividade marcantes, podemos lançar mão dos estabilizadores do humor. Os antipsicóticos (ou neurolépticos) são medicamentos classicamente utilizados no tratamento da esquizofrenia, mas também podem auxiliar o tratamento de outros transtornos, inclusive em certos casos de TOC. Os hipnóticos auxiliam a indução do sono e são indicados quando a insônia persiste como uma queixa marcante, a despeito da implementação de medidas comportamentais, conhecidas como higiene do sono, para o seu manejo. Por fim, existem os psicoestimulantes, primeira linha no tratamento do transtorno de déficit de atenção/hiperatividade, o TDAH.

Quais são os medicamentos de escolha no tratamento do TOC?

Os medicamentos de primeira linha para o tratamento do TOC são os antidepressivos que atuam com mais intensidade em um neurotransmissor denominado serotonina. Conforme comentado no Capítulo 5, acredita-se que essa substância esteja de alguma forma envolvida na ocorrência dos sintomas obsessivo-compulsivos. Entre os mais seletivos, estão os inibidores de recaptação de serotonina, os famosos ISRS, que incluem a fluoxetina, a sertralina, a paroxetina, a fluvoxamina, o citalopram e o escitalopram, igualmente eficazes no TOC. Menos seletiva e, portanto, com pior perfil de efeitos colaterais, a clomipramina, da classe dos antidepressivos tricíclicos, foi o primeiro medicamento a ter sua eficácia comprovada no TOC. Hoje, ela é reservada para casos que não melhoram de forma expressiva com os ISRSs. Por fim, agindo ainda em receptores de noradrenalina, a venlafaxina também pode ser usada no tratamento do TOC.

> O tratamento medicamentoso do TOC parece não agir diretamente nas compulsões, ele apenas permite que o paciente enfrente com menos sofrimento as situações que servem de gatilho para a intensificação dos seus medos e não precisem recorrer aos rituais para sentirem algum alívio.

É importante ressaltar que todos esses medicamentos atuam sobretudo diminuindo aos poucos a ansiedade e o desconforto relacionados aos pensamentos obsessivos e comportamentos compulsivos, assim como a sua frequência. Desse modo, parecem não agir diretamente nas compulsões, apenas permitem que o paciente enfrente com menos sofrimento as situações que servem de gatilho para a intensificação dos seus medos e não precisem recorrer aos rituais para sentirem algum alívio. A modificação dos comportamentos compulsivos ou dos valores e das crenças do indivíduo depende do tratamento psicoterápico (ver Capítulo 8). Em suma, os medicamentos ajudam o indivíduo a enfrentar seus medos exagerados ou imaginários e a lutar contra os rituais, que não lhe trazem qualquer benefício.

Cada um desses medicamentos tem suas características, e cada pessoa pode se adaptar melhor a um ou a outro, não sendo possível prever isso antes do início do tratamento, a não ser que experiências anteriores de tratamento medicamentoso ajudem o psiquiatra a tomar essa decisão. Os efeitos colaterais variam entre eles e variam muito também de pessoa para pessoa: enquanto uma pessoa pode se incomodar demais e não tolerar determinado fármaco, outra pode usá-lo sem qualquer incômodo significativo. Portanto, não é aconselhável evitar o uso de certo medicamento só porque alguém conhecido não se deu bem com ele ou teve algum efeito colateral.

De modo geral, não há um medicamento perfeito, já que todos podem ter alguns inconvenientes. O que importa realmente é que as vantagens devem superar as eventuais desvantagens do uso, e isso parece ser a regra no tratamento medicamentoso do TOC. Ou seja, a relação custo-benefício costuma ser positiva. Na verdade, os sintomas obsessivo-compulsivos são tão desagradáveis e angustiantes que o alívio costuma ser significativo e compensador.

Quais são a dose adequada e o tempo necessário para se alcançar a melhora?

As doses para o controle dos sintomas do TOC variam bastante de acordo com cada pessoa, e só o médico poderá orientá-la adequadamente. Em geral, as doses usadas no tratamento do TOC costumam ser aquelas próximas ao limite superior convencional, mais altas do que as necessárias para o controle de sintomas típicos de outros transtornos, como a depressão. No entanto, em alguns casos, doses mais baixas também podem ser eficazes. É habitual iniciar o tratamento com doses menores, elevando-as ao longo do tempo, de acordo com a necessidade de cada caso e a tolerabilidade individual. Uma informação importante é que não se devem comparar as quantidades em miligramas (mg) dos diferentes medicamentos, pois 20 mg de um pode ter um efeito equivalente a 60 mg de outro ou a 150 mg de um terceiro. Assim, um medicamento não é mais "fraco" por ter uma apresentação com menos miligramas. Também não convém comparar indivíduos que usam o mesmo medicamento, pois as necessidades de dose variam bastante entre as pessoas e conforme a fase do tratamento.

> O efeito benéfico do tratamento medicamentoso não é imediato; pelo contrário, pode demorar até 3 meses para ser notado.

A Tabela 7.1 apresenta os medicamentos indicados para o tratamento do TOC disponíveis comercialmente no Brasil até a presente data. São citados os princípios ativos e suas respectivas doses recomendadas. Para todos, existem similares e/ou genéricos.

O efeito benéfico do tratamento não é imediato; pelo contrário, pode demorar até 3 meses para ser notado. Entretanto, espera-se alguma mudança para melhor antes disso, entre 4 e 6 semanas, e alguns indivíduos apresentam resposta mais rápida, mas não se pode descartar a utilidade de qualquer um desses medicamentos

Tabela 7.1
DOSES GERALMENTE RECOMENDADAS DE MEDICAMENTOS COM AÇÃO SEROTONINÉRGICA PARA O TRATAMENTO DO TOC EM ADULTOS

Medicamento	Dose recomendada (mg)
Inibidores seletivos de recaptação de serotonina	
Fluoxetina	20-80
Sertralina	50-200
Fluvoxamina	100-300
Paroxetina	20-60
Citalopram	20-60
Escitalopram	10-20
Antidepressivo tricíclico	
Clomipramina	75-250
Inibidores seletivos de recaptação de serotonina e noradrenalina	
Venlafaxina	150-225

antes de pelo menos 12 semanas de uso em doses adequadas. Portanto, é preciso ter muita paciência e não desanimar logo no início do tratamento.

Esses medicamentos causam efeitos colaterais?

Os efeitos colaterais ou adversos, quando ocorrem, costumam ser sentidos desde os primeiros dias de uso e dependem da dose utilizada e da sensibilidade de cada pessoa, sendo, na maioria dos casos, limitados a algumas semanas. Os antidepressivos, em específico, costumam provocar leves efeitos colaterais no início do tratamento, que ocorrem devido à adaptação aos medicamentos; os mais comuns são: irritabilidade, alguma piora da ansiedade, sintomas gastrintestinais, como náusea ou alteração do hábito intestinal, e dor de cabeça. Tais efeitos variam de pessoa para pessoa, e o psiquiatra pode recomendar o uso de algum medicamento sintomático para o alívio desses sintomas. Existe também outro grupo de efeitos colaterais, os tardios, que dependem do tipo de medicamento, da dose utilizada e da sensibilidade da pessoa, e são, por exemplo, diminuição do interesse sexual, alteração da capacidade de experimentar orgasmo e ganho de peso. Vale ressaltar que os efeitos colaterais iniciais costumam ser autolimitados, e os efeitos colaterais tardios não são observados em todas as pessoas. Por isso, é sempre recomendável consultar o psiquiatra quanto aos efeitos colaterais experimentados.

Um bom conselho seria evitar ao máximo a leitura da bula dos medicamentos. Ler a bula pode ser uma experiência, além de desnecessária, assustadora (em especial no início do tratamento). Os riscos ali descritos são, muitas vezes, efeitos raros, mas que a indústria farmacêutica é obrigada a descrever. Também é desaconselhado pesquisar sobre os medicamentos nos *sites* de busca, como o Google. As informações contidas lá nem sempre são verdadeiras e podem causar confusão ou preocupações desnecessárias. O ideal é sempre esclarecer as dúvidas com o médico responsável.

Esses medicamentos causam dependência?

Algumas pessoas erroneamente comparam os psicofármacos às drogas ilegais. Enquanto estas podem levar a dependência, perda de liberdade de escolha e grandes prejuízos psíquicos, sociais e ocupacionais, os medicamentos para o tratamento do TOC proporcionam justamente o contrário, oferecendo alívio e uma vida mais funcional. Comparar o uso contínuo de antidepressivos ao tratamento para diabetes ou hipertensão, que também requer o uso crônico de medicamentos, pode ajudar a entender a diferença.

Psicofármacos associados ao risco de dependência são os ansiolíticos (medicamentos "tarja preta"), que não são medicamentos de primeira linha para o tratamento do TOC e devem ser evitados em pessoas que estejam fazendo terapia cognitivo-comportamental (TCC) (ver Capítulo 8), pois podem interferir nos resultados.

> Os medicamentos usados para tratar o TOC geralmente não curam, mas controlam os sintomas, proporcionando melhora da qualidade de vida.

Esses medicamentos curam o TOC?

Os medicamentos usados para tratar o TOC geralmente não curam, mas controlam os sintomas, proporcionando melhora da qualidade de vida. Como o TOC é uma condição crônica, o tratamento é de longo prazo, por anos, ou mesmo por toda a vida.

O uso prolongado de antidepressivos é mais comum em casos graves. Indivíduos que se engajam na terapia comportamental ou cognitivo-comportamental (ver Capítulo 8) têm maior chance de reduzir ou até eliminar a necessidade de medicamentos. Em casos menos graves, o tratamento pode ser exclusivamente psicoterápico; no entanto, as evidências apontam que o tratamento combinado, com psicoterapia e medicamento, em geral tem melhores resultados.

Os sintomas podem diminuir significativamente ou até mesmo desaparecer com o tratamento medicamentoso. Quando presentes, os sintomas residuais costumam ser leves, permitindo uma melhora substancial na qualidade de vida. Muitos portadores de TOC relatam que os sintomas se tornam menos perturbadores, ficando "de lado" ou em "segundo plano", sem atrapalhar suas atividades diárias. Uma melhora de 60 a 80% dos sintomas já representa um grande impacto positivo em várias áreas da vida do indivíduo.

Outro benefício do tratamento com antidepressivos é o controle de outros transtornos associados ao TOC, como depressão ou transtornos de ansiedade. Em alguns casos, pode ser necessário usar mais de um medicamento para aliviar todos os sintomas ao mesmo tempo.

Como é o tratamento de manutenção?

As doses necessárias para o controle inicial dos sintomas podem ser maiores do que aquelas da fase de manutenção. Após vários meses, é possível reduzi-las gradualmente até atingir a dose mínima eficaz.

A interrupção desses medicamentos não causa piora imediata dos sintomas do TOC, pois os efeitos benéficos persistem por algum tempo devido ao reequilíbrio funcional da neurotransmissão. No entanto, sua retirada rápida pode ocasionar sintomas como indisposição, irritabilidade, insônia, tensão, entre outros. Esse quadro é conhecido como síndrome de retirada dos antidepressivos (ou síndrome de descontinuação), podendo ser evitado se os medicamentos forem reduzidos gradativamente no curso de várias semanas ou meses.

Algumas pessoas não voltam a ter sintomas após o tratamento, enquanto outras podem precisar retomá-lo após meses ou anos, de forma que a reintrodução geralmente proporciona uma nova melhora. As recaídas são menos comuns e mais facilmente administradas quando combinadas com psicoterapia. A abordagem psicoterapêutica aumenta as chances de reduzir o uso de medicamentos no médio ou longo prazo.

O que vale a pena saber sobre o tratamento medicamentoso quando os pacientes são crianças ou adolescentes?

Embora não haja estudos e testes de diferentes dosagens dos ISRSs em crianças e adolescentes para determinar qual é a dosagem ideal nessa faixa etária, as pesquisas que resultaram na aprovação desses medicamentos para tratar o TOC nessa população utilizaram doses altas, similar ao que é feito em adultos. Isso pode soar estranho para algumas pessoas, mas, no parágrafo seguinte, fornecemos algumas explicações a respeito da segurança do uso de doses altas dos antidepressivos em crianças.

Embora as crianças sejam menores, seus corpos processam os medicamentos de maneira diferente dos adultos. Elas têm mais água no corpo, menos gordura e menos proteína no sangue à qual os medicamentos podem se ligar. Isso significa que os medicamentos podem se espalhar mais pelo corpo das crianças, e seus fígados e rins, proporcionalmente maiores, processam e eliminam os medicamentos de forma mais rápida. Portanto, pensar que, por serem crianças ou adolescentes, as doses devem ser mais baixas é um erro comum que pode levar a resultados insatisfatórios.

Para facilitar a introdução e habituação ao medicamento, geralmente se progride as doses de forma mais gradual nas crianças. Uma opção que pode facilitar essa introdução e o aumento gradual são as formulações em gotas.

Outra confusão comum em relação às doses de medicamentos em crianças e adolescentes é pensar que o diagnóstico de TOC é sinônimo de usar dose máxima dos medicamentos. Como já foi mencionado anteriormente neste capítulo, no TOC há uma clara relação entre doses maiores dos medicamentos e taxas mais altas de resposta. Ou seja, não se deve ser relutante em aumentar a dosagem em casos de resposta ausente ou parcial. É comum que doses altas sejam necessárias, mas isso não é uma obrigatoriedade, e respostas adequadas podem acontecer em diferentes faixas de dosagem.

Assim como nos adultos, os medicamentos de primeira linha para crianças e adolescentes com TOC pertencem à família dos ISRSs. Em específico, fluoxetina, sertralina e fluvoxamina têm aprovação das agências regulatórias para o tratamento do TOC nessa faixa etária. Da mesma forma, a clomipramina, que pertence à família dos tricíclicos, também pode ser utilizada para esse fim. A escolha entre os diferentes medicamentos é feita considerando os efeitos colaterais, as interações com outros medicamentos e o histórico de tratamentos anteriores do indivíduo e de sua família.

> A escolha entre os diferentes medicamentos é feita considerando os efeitos colaterais, as interações com outros medicamentos e o histórico de tratamentos anteriores do indivíduo e de sua família.

Se o primeiro medicamento não funcionar bem, é importante verificar se a criança está tomando o medicamento corretamente e participando da terapia, além de observar se há outras condições, como TDAH, transtornos de ansiedade ou transtorno depressivo, que são comuns em conjunto com o TOC. Também é crucial avaliar o papel da família e prestar atenção nos níveis de acomodação familiar, que, apesar de bem-intencionados, podem reforçar e perpetuar o TOC. Após a reavaliação do uso correto do medicamento, da terapia e do envolvimento familiar, a recomendação em casos de resposta inadequada é substituir o medicamento inicial por outro ISRS.

Se, após duas tentativas com ISRS (com adesão correta e doses adequadas), o tratamento ainda não for eficaz, os estudos sobre os próximos passos para o TOC pediátrico são escassos. Possibilidades levantadas por ensaios não controlados e séries de casos incluem a combinação do ISRS com medicamentos da família dos antipsicóticos (em doses menores do que as usadas em transtornos psicóticos), a substituição do ISRS por clomipramina (ou combinação entre os dois) ou a combinação com agentes que modulam a atividade de um neurotransmissor chamado glutamato – existem resultados mistos com uma série de agentes, como riluzol, topiramato, memantina e N-acetilcisteína.

Como é o tratamento no caso de idosos e gestantes?

Em pessoas idosas, a escolha do medicamento e o ajuste da dosagem dependem de fatores como condições físicas, outras doenças eventualmente associadas e outros medicamentos em uso. Pode haver interações com outros medicamentos para problemas clínicos, mas a maioria dos antidepressivos indicados no TOC é bastante segura e pode ser utilizada em idosos.

O uso desses medicamentos deve ser evitado, sempre que possível, em mulheres grávidas (principalmente no primeiro trimestre da gestação) ou que estejam amamentando. Quando a gravidade dos sintomas não nos permite dispensar o uso dos medicamentos, as evidências atuais indicam maior segurança para o uso da sertralina ou da fluoxetina a partir da 13ª semana de gestação. Durante a amamentação, além da sertralina, a paroxetina também tem sido considerada uma medicação segura. Apesar de não haver estudos que apontem a ocorrência de problemas mais sérios em crianças expostas a tais medicamentos, não há dados que assegurem totalmente a ausência de efeitos indesejados. Portanto, deve-se sempre considerar a relação custo-benefício da prescrição em cada caso.

O uso desses medicamentos exige acompanhamento médico?

O uso desses medicamentos sempre exige acompanhamento médico. Somente nas consultas é possível que o médico avalie a evolução e a resposta ao tratamento do TOC, bem como de outras comorbidades psiquiátricas, como depressão e ansiedade – e, assim, planeje o tratamento e defina a necessidade ou não de ajustes de dose. O médico também é responsável por identificar, monitorar e manejar possíveis efeitos colaterais. Além disso, os medicamentos prescritos para o tratamento do TOC são de venda controlada, ou seja, necessitam de prescrição em receituário especial emitida pelo médico.

Existem outros medicamentos para o tratamento do TOC?

Novos medicamentos e esquemas de tratamento para o TOC têm sido estudados, alguns com bons resultados preliminares. Atualmente, para os casos em que não há melhora significativa com os antidepressivos, recomenda-se o uso de medicamentos que atuam na neurotransmissão da dopamina (antipsicóticos), em especial a risperidona, o aripiprazol e o haloperidol. Essas combinações aumentam a taxa de resposta ao tratamento.

Em casos raros e graves, quando os tratamentos tradicionais não são eficazes, alguns indivíduos podem se beneficiar de tratamentos de neuromodulação invasiva e não invasiva, como a estimulação magnética transcraniana, a radiocirurgia e a neurocirurgia com implantação de marca-passo cerebral (ver Capítulo 11). Esses tratamentos ainda são recentes, com baixa disponibilidade, e muitos deles ainda são utilizados apenas no contexto de pesquisas clínicas.

Considerações finais

Ao buscar tratamento pela primeira vez, é normal que o indivíduo com TOC esteja inseguro por estar lidando com uma situação nova: muitas vezes, pode não saber que os seus sintomas são manifestações do TOC, ou pode estar muito acostumado a eles e não reconhecer o impacto negativo que trazem para a sua vida. Ao receber o diagnóstico, é importante se informar sobre a doença e sobre o tratamento – e não deixar de realizá-lo por medo. Ao conhecer os passos do tratamento, a pessoa tende a ter menos receio, e os desafios tornam-se mais fáceis de lidar.

Como pudemos ver neste capítulo, os tratamentos medicamentosos com maior potencial de promover a melhora dos sintomas do TOC são os antidepressivos da família dos ISRSs. De forma geral, são medicamentos seguros e bem tolerados. O médico deve prescrever o antidepressivo de forma individualizada, ou seja, conforme o perfil do indivíduo, a presença ou não de comorbidades clínicas e psiquiátricas e a tolerância a possíveis efeitos colaterais. Isso quer dizer que o antidepressivo que funciona para um indivíduo pode não ser o ideal para outro.

Conforme descrito neste capítulo, o efeito desses medicamentos não é imediato, e pode levar algumas semanas até que a melhora dos sintomas do TOC apareça. Nem sempre a pessoa apresentará uma boa resposta com o primeiro antidepressivo prescrito, e, assim, o médico pode propor a tentativa de substituição por outro antidepressivo. Dessa forma, é preciso que o indivíduo esteja orientado sobre o tempo de efeito e a possibilidade de substituição do medicamento em caso de ausência de melhora significativa, para evitar o abandono do tratamento nas primeiras dificuldades.

No tratamento do TOC, podem ser necessárias doses mais altas do que as recomendadas para outros transtornos psiquiátricos, de modo que, pouco a pouco, médico e paciente devem conversar sobre a resposta obtida no tratamento e monitorar a presença ou não de efeitos colaterais. Muitos indivíduos considerados resistentes ao tratamento, isto é, que não apresentam uma resposta adequada a diversos medicamentos, na verdade podem nunca ter recebido o tratamento adequado, seja em relação à dose do antidepressivo utilizada, seja em relação ao tempo de tratamento.

Como pode ser visto, são necessárias aliança e confiança entre médico e paciente para lidar com os passos do tratamento. Assim,

> O médico deve prescrever o antidepressivo de forma individualizada, ou seja, conforme o perfil do indivíduo, a presença ou não de comorbidades clínicas e psiquiátricas e a tolerância a possíveis efeitos colaterais.

é essencial que o paciente conheça esses aspectos do tratamento para entender e participar das decisões de forma mais efetiva.

O tratamento do TOC, de forma geral, ocorre em serviços ambulatoriais, e muitos antidepressivos estão disponíveis no Sistema Único de Saúde (SUS). Raramente, em casos mais graves ou quando existem outros transtornos psiquiátricos associados, pode ser necessário recorrer a regimes de tratamento mais intensivos, como os realizados nos Centros de Atenção Psicossocial (CAPS), hospital-dia ou internação. As consultas inicialmente costumam ser mais frequentes, podendo ser espaçadas à medida que os sintomas vão sendo controlados.

É bom deixar claro que a recuperação não é mágica: trata-se de um processo que se dá de forma progressiva, podendo ocorrer pequenos retrocessos durante o tratamento, mas que não significam fracassos ou retornos à estaca zero – tampouco devem ser temidos. Assim, alguns altos e baixos são comuns, até que a melhora se estabilize. Sendo um processo dinâmico e gradual, deve haver uma adaptação do paciente e de seus familiares à nova situação, pois, com o tratamento, os sintomas deixam de ser o centro da vida, que ganha novas (e muito melhores) perspectivas.

Capítulo **8**

Tratamento comportamental do TOC

Maria Luisa **Guedes**
Priscila de Jesus **Chacon**
Maria Alice de **Mathis**
Marcelo **Melissopoulos**
Ivanil **Morais**
Cristiane **Carnavale**
Camila **Muylaert**

Em que consiste o tratamento comportamental?

A terapia comportamental, ou terapia cognitivo-comportamental (TCC), vem sendo especialmente indicada para o tratamento do transtorno obsessivo-compulsivo (TOC), por ter demonstrado maior efetividade para lidar de maneira direta com os comportamentos obsessivo-compulsivos. Essa demonstração tem sido observada em pesquisas realizadas em diferentes países do mundo. Os resultados dos estudos comparando a terapia comportamental ou a TCC com outras abordagens e técnicas apontam para uma superioridade às demais linhas de psicoterapia (p. ex., psicanálise, terapias sistêmicas e terapias psicodinâmicas).

Para entender bem e se engajar nessa modalidade de tratamento, o indivíduo com TOC e todos os membros da família precisam compreender o funcionamento desse transtorno. Os adultos geralmente conseguem expressar melhor suas obsessões e rituais/compulsões; já as crianças e os adolescentes precisam de mais orientações para que consigam identificar seus comportamentos obsessivo-compulsivos, o que

> A terapia comportamental, ou terapia cognitivo-comportamental (TCC), vem sendo especialmente indicada para o tratamento do TOC.

requer maior participação e engajamento familiar no tratamento. As obsessões podem ser desencadeadas por algum evento externo ou interno (pensamento, imagem mental, impulso) que gera desconforto e ansiedade. O comportamento compulsivo pode ser aberto, público, visível para todos ou apenas para si, algo que a pessoa faz sem que os outros percebam. Pode, ainda, ser um ritual mental, como pensar um bom pensamento para anular um ruim. Os rituais diminuem rápida e momentaneamente o desconforto e a ansiedade.

O ciclo seria assim:

> Pensamentos/imagens/impulsos *provocam* sensações de desconforto/ansiedade que, por sua vez, *evocam/desencadeiam* rituais/compulsões (públicos ou privados) que, finalmente, *reduzem* o desconforto/a ansiedade.

Como a redução do desconforto é apenas passageira, proporcionando alívio temporário, esse ciclo pode ficar se repetindo indefinidamente.

O fundamento da terapia comportamental voltada ao TOC é que, se a pessoa permanecer nas situações ameaçadoras (as obsessões) sem realizar os rituais (as compulsões), pode descobrir (a partir da vivência) que é capaz de tolerar e conviver com seus desconfortos, obtendo mais controle sobre suas reações.

A proposta envolve psicoeducação, explicando o que é o TOC, como ele funciona, porque alguém desenvolve esse transtorno, quantas pessoas no mundo têm o diagnóstico, o prejuízo que o TOC causa e seus possíveis tratamentos. A terapia segue com o levantamento da história do desenvolvimento do TOC na vida do sujeito e na identificação de situações diante das quais ele experiencia maior gravidade dos sintomas e maior dificuldade de enfrentar o transtorno. É fundamental obter a história prévia de tratamento psicoterápico, para que sejam identificadas estratégias anteriores que possam dar dicas importantes do que contribuiu e do que não trouxe benefícios durante o processo terapêutico. Além disso, deve-se questionar sobre os planos futuros e valores da pessoa a fim de impactar positivamente a motivação para o tratamento. Ainda, o terapeuta procura identificar parceiros do indivíduo em sua jornada terapêutica. Finalmente, o terapeuta inicia o levan-

> **O fundamento da terapia comportamental voltada ao TOC é que, se a pessoa permanecer nas situações ameaçadoras (as obsessões) sem realizar os rituais (as compulsões), pode descobrir (a partir da vivência) que é capaz de tolerar e conviver com seus desconfortos, obtendo mais controle sobre suas reações.**

tamento dos sintomas mais importantes de TOC apresentados pelo portador e por seus familiares quando possível e necessário.

O elemento fundamental das terapias comportamentais é o procedimento de exposição às situações temidas sem a realização dos rituais/compulsões. Esse procedimento é chamado de exposição e prevenção de resposta (EPR). São os exercícios sugeridos e discutidos individualmente que podem promover a mudança do ciclo vicioso do TOC. Por exemplo, *suportar* pessoas entrando em casa, vestidas com roupas e sapatos usados na rua (no caso de sintomas de contaminação), e permanecer sem limpar ou desinfetar a si próprio e o ambiente (ritual de limpeza). Outros exemplos de EPR são: não alinhar objetos simetricamente ao vê-los desarrumados; não neutralizar um pensamento ruim com um pensamento bom; não ler ou reler várias vezes a mesma coisa para ter certeza de que leu corretamente; não fazer para um familiar a mesma pergunta, para ter certeza da resposta. Ou seja, na ocorrência de qualquer pensamento intrusivo e persistente ou mesmo de algum impulso ou vontade incontrolável, deve-se suportar a ansiedade e o desconforto sem realizar qualquer comportamento que signifique fugir do que está sentindo.

O procedimento de EPR precisa ser incorporado à rotina, de maneira que os enfrentamentos às situações que desencadeiam obsessões e/ou compulsões sejam frequentes, façam parte do dia a dia. No início do tratamento, as EPRs são inseridas no contexto da psicoterapia, no consultório, na presença do terapeuta ou de acompanhantes terapêuticos, que encorajam e auxiliam a realização do procedimento. Logo, o indivíduo é orientado a praticar a EPR em outros ambientes e na presença de familiares e outras pessoas.

A primeira pergunta que surge é: como conseguir fazer isso, se o desconforto sentido é tamanho que tudo o que a pessoa quer é fugir ou evitar as situações temidas, uma vez que a urgência para realizar as compulsões é quase incontrolável e o desespero da pessoa, ante tentativas de interromper ou impedir as compulsões, é assustador?

O cérebro do indivíduo com TOC envia mensagens de alerta, e diversos sinais são disparados e percebidos – sudorese, palpitações, falta de ar, desconforto abdominal – como se de fato algo terrível pudesse acontecer ou ter acontecido, ou como se algo estivesse extremamente incorreto, fora de ordem, de lugar. O indivíduo se sente obrigado a executar

> Na ocorrência de qualquer pensamento intrusivo e persistente ou mesmo de algum impulso ou vontade incontrolável, é importante suportar a ansiedade e o desconforto sem realizar qualquer comportamento que signifique fugir do que está sentindo.

a compulsão, que aparece como única alternativa para se livrar de sensações e medos tidos como insuportáveis. A terapia comportamental voltada ao tratamento de TOC é a alternativa que oferece estratégias de enfrentamento para os sintomas obsessivos-compulsivos.

A terapia comportamental ainda inclui a identificação de motivações e valores do paciente e de seus familiares, para que possam ser relembrados quando houver dificuldades em seguir o tratamento. Todas as pessoas envolvidas no processo (terapeuta, familiares e o próprio sujeito) precisam considerar que a pessoa com o transtorno não se resume a suas obsessões e rituais/compulsões. Essa orientação se faz necessária para compreensão dos processos do tratamento e apoio ao indivíduo com TOC. Com a ajuda do terapeuta e dos familiares, a pessoa passa a ter ferramentas adequadas para sair do ciclo vicioso que mencionamos. Com tempo, dedicação e determinação, é possível ter uma melhor qualidade de vida. Podemos dizer que as terapias comportamentais trabalham com o desenvolvimento de coragem e autocuidado, para que o portador de TOC e seus familiares possam viver melhor.

Aspectos fundamentais para o sucesso do tratamento do TOC

Devemos considerar que ansiedade e desconforto são parte da vida de todos nós, e a terapia comportamental auxilia o processo de aprendizado de como gerenciar ansiedade e medos sem a realização de rituais. Dessa maneira, permite que possamos seguir a vida em direção aos objetivos, valores e propósitos pessoais. As pessoas com TOC aprendem que podem conviver com esses sentimentos desagradáveis sem que tenham suas vidas paralisadas e restritas pelos sintomas obsessivo-compulsivos.

Uma pergunta relevante é: "Quem manda em você? É você ou o TOC?". Essa questão faz algo importante: ela ajuda o indivíduo com TOC a externalizar o transtorno, a compreender que suas obsessões não são egossintônicas, ou seja, não estão de acordo com suas vontades e seus desejos, mas são invasivas e involuntárias. Dessa maneira, ele passa a compreender e administrar suas obsessões com maior controle e consciência, podendo escolher se faz ou não os rituais, sentindo-se menos obrigado a ritualizar e mais autônomo em sua vida.

Diante dessas considerações, vale ressaltar que alguns aspectos viabilizam o sucesso do tratamento, como o indivíduo saber que:

> "Quem manda em você?
> É você ou o TOC?".

- ansiedade, medo e desconforto podem ser suportados ou enfrentados com outros recursos que não os rituais;
- os rituais podem causar alívio momentaneamente, mas, quanto mais forem utilizados, mais se intensificarão;
- quanto mais tempo e maior for o número de exposições às situações geradoras de ansiedade, menor será o grau de desconforto;
- as exposições podem seguir uma graduação, da mais suave (a mais fácil de suportar) até a mais difícil (a que causa mais sofrimento), e vamos avançando na medida do possível para cada sujeito, lembrando que, embora o TOC seja um transtorno com características comuns, cada caso é bastante único e o tratamento deve ser pensado e planejado individualmente;
- a pessoa pode se imaginar (fantasiar) vivenciando situações de desconforto e ansiedade e permanecer nelas, como forma de se preparar para a exposição real à situação; chamamos essa técnica de exposição imaginária, e ela é muito útil no tratamento do TOC.

> Quanto mais tempo e maior for o número de exposições às situações geradoras de ansiedade, menor será o grau de desconforto.

Em relação à família, é importante que ela se prepare para lidar com a situação: resistindo a participar dos rituais que aliviam a ansiedade do portador de TOC; mantendo-se calma, delicada e firme enquanto o indivíduo está ansioso, ajudando-o a realizar outras atividades incompatíveis com a realização dos rituais. A orientação do terapeuta é fundamental para que não se desenvolvam atividades que possam manter os rituais. Descreveremos a seguir o papel dos familiares no tratamento do TOC de maneira detalhada.

Como se dá a convivência com pessoas com comportamentos obsessivo-compulsivos?

A convivência com alguém com comportamentos obsessivo-compulsivos produz inevitavelmente mudanças na vida das pessoas. Talvez em nenhum outro transtorno psiquiátrico os familiares estejam tão envolvidos como no TOC, o que acontece de diferentes maneiras. Por exemplo: ajudar em tarefas simples, responder diversas vezes à mesma pergunta e submeter-se a rituais de descontaminação ou, ainda, conformar-se com a impossibilidade de utilizar cômodos da própria casa, como banheiros que estão sempre ocupados ou partes da casa atulhadas de jornais velhos e de outras coisas inúteis que não podem ser tocadas por ninguém. É como se, sem perceber, todos da família fiquem reféns dos comportamentos obsessivo-compulsivos para tentar sempre acalmar a situação.

As pessoas que apresentam comportamentos obsessivo-compulsivos quase sempre relatam grandes dificuldades nas situações de trabalho, escola e família, tanto nas relações sociais e afetivas quanto na realização das tarefas exigidas. Isso significa, muitas vezes, perda do emprego, abandono da escola, rompimento de laços afetivos e ausência de atividades de lazer. Dessa maneira, vai ficando cada vez mais difícil enfrentar todas essas perdas e transformações na vida que, a essa altura, já envolvem de forma muito desgastante toda a família. Além disso, na grande maioria das vezes, todo esse sofrimento é vivido sem qualquer apoio emocional e sem qualquer orientação profissional específica sobre como lidar com problemas de tal dimensão.

A ausência de orientação, em especial de suporte profissional específico, leva a família a agir de forma intuitiva ou emocional: isso quer dizer que todos agem em razão do que está acontecendo na ocasião. Tudo é feito para que a situação não se complique: para que não se percam compromissos, para que alguém possa entrar no banheiro, para que possam ir dormir ou para que não ocorram brigas. Por exemplo, diante de um pedido para participar de um ritual, em algumas ocasiões, a família poderá atender a essa solicitação; em outras, pode até antecipar-se e fazer coisas pela pessoa; além disso, em outros momentos, pode ignorar suas solicitações, ou, ainda, pode ficar muito brava e reagir de forma agressiva. Tudo vai depender do que está acontecendo naquele momento, sobretudo das condições emocionais de cada membro da família.

A família acaba agindo de modo inconsistente, ou seja, às vezes cede; outras, não; algumas vezes briga; outras, não. Por exemplo, diante de perguntas repetidas, a família ora responde, ora deixa de responder por algum tempo para, depois, voltar a responder. Varia a quantidade de tempo que suporta sem reagir e/ou varia o número de solicitações que são necessárias antes que finalmente responda a elas. A consequência desse tipo de relacionamento é que os comportamentos obsessivo-compulsivos vão ficando cada vez mais fortes, cada vez mais persistentes e resistentes. A família então vai percebendo que, apesar de todo o seu desgaste, esforço

> A família de pessoas com TOC acaba agindo de modo inconsistente, ou seja, às vezes cede; outras, não; algumas vezes briga; outras, não. Dessa forma, quanto mais a família faz "cada vez de um jeito", mais o TOC se mantém resistente, crônico.

e envolvimento, a situação para todos só vai se agravando. Resumindo: quanto mais a família faz "cada vez de um jeito", mais o TOC se mantém resistente, crônico. Chamamos esse envolvimento da família de "acomodação familiar".

> Acomodação familiar é o termo usado para descrever a participação dos familiares, que pode ser direta ou indireta, nos rituais dos indivíduos com TOC.

Como se constrói a acomodação familiar?

Acomodação familiar é o termo usado para descrever a participação dos familiares nos rituais dos indivíduos com TOC. Essa participação pode ser direta ou indireta.

- A família participa dos rituais:
    - ajudando o indivíduo a evitar tudo o que possa deixá-lo ansioso e nervoso;
    - permitindo e tornando possível que ele realize seus comportamentos compulsivos;
    - participando diretamente dos comportamentos compulsivos;
    - facilitando que as compulsões sejam realizadas pelo indivíduo que tem TOC.
- A família responde às perguntas para tranquilizar a pessoa (chamamos isso de reasseguramento).
- A família muda sua própria vida em virtude da pessoa:
    - deixando de fazer coisas;
    - deixando de ir a lugares;
    - deixando de estar com outras pessoas.
- A família assume responsabilidades que seriam da pessoa.
- A família altera seu próprio esquema de trabalho.
- A família altera suas atividades de lazer.
- A família faz mudanças duradouras na própria organização da casa:
    - mudanças no aspecto físico da casa;
    - mudanças de hábitos diários – refeições, hábitos de higiene, sono, lazer.

O resultado de todo esse processo de interação é o **desgaste físico/psicológico** da família inteira! As relações são pautadas por sentimentos de hostilidade e desamparo. Sobram raiva, pena, culpa, vergonha, abandono e por aí adiante.

Mas por que a família age assim?

Precisamos, então, entender que a família age dessa forma pressionada pelas reações do indivíduo envolvido nos rituais:

- porque ele fica muito nervoso se não é atendido;
- porque fica muito bravo e agressivo se não é atendido;
- porque ficará muito mais tempo preso a seus comportamentos compulsivos.

Infelizmente, o resultado dessas diferentes reações e da inconsistência nas relações é exatamente o contrário do que se espera, o indivíduo vai ficando cada vez mais:

- desorientado, incapacitado e dependente da família;
- persistente nos comportamentos obsessivo-compulsivos.

A acomodação familiar em geral acontece de forma gradual e com todos se sentindo absolutamente solitários nessa imensa dor, nesse sofrimento, nesse desespero. Por isso, é tão importante buscar ajuda e transformar essas relações o mais rapidamente possível. É fundamental que essa ajuda seja de profissionais experientes e familiarizados com as pesquisas e os estudos recentes na área de TOC. Vale ressaltar que a procura de um profissional não especializado no TOC pode acabar reforçando os sintomas obsessivo-compulsivos, seja porque o profissional não oferece as ferramentas adequadas para o enfrentamento do TOC, seja porque promove reasseguramento das dúvidas obsessivas que a pessoa traz, por exemplo, analisando e discutindo o conteúdos das obsessões.

Qual é o papel da família no tratamento do transtorno obsessivo-compulsivo?

É importante voltar à relevância da família e de outras pessoas que convivem com alguém nessa condição. Sim, porque o TOC necessariamente acaba sendo um problema familiar. Todos, em algum momento, acabam envolvidos: seja para evitar o aparecimento das situações temidas, seja para ajudar nos rituais, seja para adaptar-se às transformações da vida familiar, seja para brigar.

Nesse sentido, faz muita diferença a implementação dos procedimentos terapêuticos com a participação de todos. Aliás, a característica principal dessa proposta de tratamento é que

> O TOC necessariamente acaba sendo um problema familiar.

precisa ser realizada de modo contínuo, voltada diretamente para todas as situações da vida diária, e não apenas nas sessões com o terapeuta. Isso ocorre porque o resultado será melhor quanto mais vezes e por mais tempo o indivíduo ficar exposto àquilo que teme sem recorrer aos rituais, suportando a gradual redução do mal-estar que certamente ocorrerá.

Estabelecido, então, que o sucesso do tratamento de EPR depende de profundas mudanças nas

> De um lado, as frases já automatizadas: "Vocês não me entendem" ou "Preciso repetir" ou "Não consigo"; de outro, as frases da família: "Você não tem força de vontade" ou "Deixa que eu faço para não demorar" serão substituídas, respectivamente, por "Preciso de ajuda para me segurar nos rituais" e por "Ajudo você a fazer do jeito certo e fico junto até passar a urgência de repetir".

relações de convivência, o primeiro passo será definir a nova base. De um lado, as frases já automatizadas: "Vocês não me entendem" ou "Preciso repetir" ou "Não consigo"; de outro, as frases da família: "Você não tem força de vontade" ou "Deixa que eu faço para não demorar" serão substituídas, respectivamente, por "Preciso de ajuda para me segurar nos rituais" e por "Ajudo você a fazer do jeito certo e fico junto até passar a urgência de repetir".

Nessa mudança é que está o segredo que sustenta (ou permite) o tratamento comportamental: o conceito de que a ansiedade gerada pelas obsessões passará, mesmo se a intensidade for extrema e a duração for absurdamente longa. Além disso, só tem sentido o impedimento dos rituais durante essa fase difícil, de "fissura" – como se costuma dizer para aquilo que parece incontrolável. Nessa hora, não é possível contar apenas com força de vontade, desejo de melhorar, bom senso, inteligência ou qualquer outro recurso desse tipo. Aqui entra a firme convicção de que o ritual *não pode* ser realizado. Tudo agora passa a se pautar por essa premissa. Devemos reforçar a ideia de que é o ritual que mantém o ciclo vicioso. Quando diminuímos – e de preferência eliminamos – as compulsões, as obsessões vão perdendo força e diminuindo de intensidade. Mas como?! Isso parece quase impossível sem cair em uma situação de agressão às vezes até extrema, seja física ou verbal.

É aí que outra premissa se impõe: *nada* pode acontecer em clima de raiva, braveza, humilhação, porque esses sentimentos se sobrepõem à ansiedade original, e o desconforto gerado pela obsessão aumenta. E então deixa de ser uma exposição à situação ameaçadora, passando a ser uma sessão de violência, com acusações, críticas e sentimentos negativos, que contribuirão para piorar as coisas. Isso também vale para o caso de ser a própria pessoa quem se impõe a violência, por exemplo, quando, no desespero de se ver livre dos rituais, se machuca fisicamente,

> *Nada na base da força, nada de violência.* Tudo será feito gradualmente, em clima de cooperação, levando em conta os limites e as possibilidades das duas partes envolvidas: a própria pessoa e a família. *Deve-se atentar para todo e qualquer progresso* (seja por parte da família ou da pessoa), mesmo quando este parecer pequeno.

quebrando objetos ou desferindo socos na parede.

Assim, a primeira regra básica é: *nada na base da força, nada de violência*. Tudo será feito *gradualmente*, em clima de cooperação, levando em conta os limites e as possibilidades das duas partes envolvidas: a própria pessoa e a família. A segunda é: *atentar para todo e qualquer progresso* (seja por parte da família, seja por parte da pessoa), mesmo quando este parecer pequeno. Problemas e erros são visíveis por si só. Uma vez que, nesse processo, as mudanças positivas vão acontecendo de forma bastante gradual, é preciso que se tornem foco de atenção constante. O que pode parecer pouco para quem está de fora (p. ex., diminuir 5 minutos de um banho de 1 hora) já é bastante e motivo de muita comemoração para quem está lidando com a diminuição dos sintomas. Cada passo tem que ser comemorado.

Vale destacar que o tratamento comportamental para crianças e adolescentes com frequência requer um protocolo focado nos pais/cuidadores. Pesquisas recentes demonstram a eficácia de um protocolo focado na psicoeducação e orientação dirigida e individualizada para os pais ou cuidadores de pacientes nas fases de infância e adolescência. Nesses casos, o terapeuta desenvolve com os pais estratégias para se comunicarem melhor com seus filhos. Os pais precisam, principalmente em casos nos quais os filhos recusam o tratamento e não reconhecem seus sintomas, aprender a ensinar seus filhos a respeito dos comportamentos obsessivo-compulsivos e cuidar deles de maneira terapêutica, positiva. A acomodação familiar nesses casos vem, com frequência, descrita por familiares como forma de cuidado, zelo. Em geral, os pais relatam que sentem como se estivessem abandonando seus filhos se não participarem ou viabilizarem e permitirem a realização de seus rituais. A orientação profissional é essencial para que familiares possam identificar o que de fato é cuidado e o que *parece* ser cuidado. A acomodação familiar pode parecer um cuidado, mas, de fato, produz manutenção ou até mesmo agravamento dos quadros.

▌ Considerações finais

O tratamento psicoterápico de primeira linha reconhecido no mundo inteiro é a TCC, junto à técnica de EPR. Por meio da TCC, o terapeuta e o indivíduo percorrem juntos um caminho de enfrentar os comportamentos indesejáveis de forma adequada, enfraquecendo-os com o passar do tempo. Em vez de fugir dos pensamentos obsessivos, a pessoa aprende a não realizar os rituais, e assim os pensamentos obsessivos vão enfraquecendo e perdendo a sua função. A pessoa aprende que fazer as compulsões contribui para a manutenção de um ciclo vicioso, que a mantém dependente de seus rituais. Muitas pessoas chegam ao tratamento depois de muitos anos de sofrimento!

> A consistência em como lidar com os rituais é o que leva ao sucesso do tratamento. Juntos, terapeuta, familiares e indivíduo podem formar um time bem forte na batalha contra o TOC.

A família pode e deve participar do tratamento, entendendo o que pode e deve ser feito na presença de algum ritual e, mais importante, o que **não** deve ser feito. Nos casos de TOC em crianças e adolescentes, a família exerce um papel fundamental. Pais e cuidadores atuam de maneira ativa sob orientação bem dirigida e focada na melhora da comunicação e da acomodação familiar. A consistência em como lidar com os rituais é o que leva ao sucesso do tratamento. Juntos, terapeuta, familiares e indivíduo podem formar um time bem forte na batalha contra esse transtorno.

Portanto, sugerimos que, após o diagnóstico ou algum comportamento que pareça estranho ou diferente do habitual, a família ou o indivíduo procure ajuda especializada. Essa ajuda focada reduz muito o tempo de tratamento dos comportamentos obsessivo-compulsivos, além de diminuir o sofrimento e a angústia e conceder liberdade a seus familiares.

Parte importante da terapia comportamental é, simultaneamente aos procedimentos de exposição aos estímulos e prevenção de rituais, a retomada das atividades abandonadas por conta dos sintomas do TOC. Essa retomada de convivência confortável com família, amizades, escola e trabalho precisa ser gradual, com equilíbrio entre graus de estresse e conforto para todos.

Será justamente essa volta ao que tinha – ou um arranjo de mudanças necessárias – que garantirá o sucesso e a manutenção do tratamento dirigido aos comportamentos obsessivo-compulsivos.

Em nenhum momento podemos esquecer que o agravamento se deu justamente pelo excesso de fatores estressantes para o indivíduo, e não somente pela acomodação familiar. É exatamente por isso que será fundamental a descoberta desses fatores para que possam ser alterados.

Capítulo **9**

Novas formas de psicoterapia para o TOC: TCC intensiva, TCC *on-line* e terapias de terceira onda

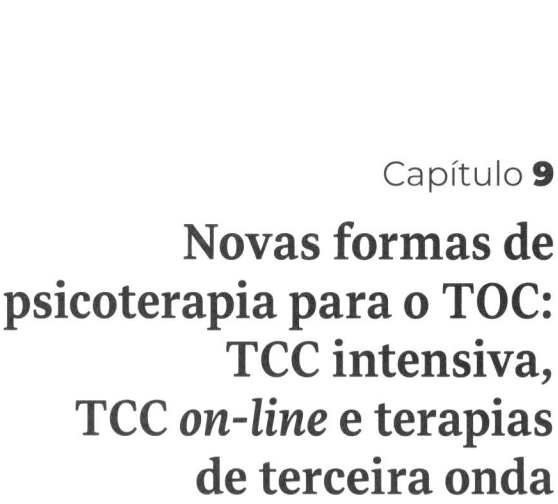

Daniela Tusi **Braga**
Maria Alice de **Mathis**
Priscila de Jesus **Chacon**

Neste capítulo, vamos abordar as melhores formas de psicoterapia para tratar o transtorno obsessivo-compulsivo (TOC) e, ainda, o que tem sido desenvolvido de novo nesse ramo, especialmente nos últimos anos. Entre as novidades, temos a terapia cognitivo-comportamental (TCC) intensiva, a terapia cognitivo-comportamental *on-line* e as terapias de terceira onda. Vamos também refletir sobre o que fazer quando não observamos melhora com os tratamentos disponíveis.

Qual é a melhor psicoterapia para tratar o TOC?

Como visto no Capítulo 8, o tratamento psicoterápico reconhecido como melhor para tratar o TOC é a TCC. Isso significa que, em qualquer lugar do mundo que você procurar por tratamento para o TOC, esse tipo de abordagem será o que tem sua eficiência mais comprovada para reduzir os sintomas obsessivo-compulsivos. Essa linha de psicoterapia, junto à técnica da exposição e prevenção de resposta (EPR), é a modalidade mais indicada no tratamento do TOC, conforme uma recente revisão de pesquisadores da área.

Os estudos mostram que pessoas que realizam adequadamente a TCC com EPR podem apresentar de 40 a 80% de melhora nos sintomas do TOC. As outras linhas de psicoterapia (p. ex., psicanálise, psicodinâmica, entre outras) ainda não demonstraram sua eficácia na redução dos sintomas do TOC em pesquisas com número significativo de indivíduos e/ou metodologia científica rigorosa – ou seja, mesmo que as pessoas possam se beneficiar de outros tipos de psicoterapia, é a TCC com a técnica de EPR que demonstra melhores resultados para quem se engaja na psicoterapia.

Existem novas abordagens de psicoterapia para tratar o TOC?

Apesar de a TCC ser a abordagem tradicional de escolha para o tratamento do TOC, novas abordagens estão sendo investigadas e implementadas para melhorar a eficácia e a acessibilidade do tratamento. Entre essas abordagens, destacam-se a TCC intensiva, a TCC *on-line* e as terapias de terceira onda.

A TCC intensiva é uma variação da TCC tradicional, na qual as sessões são realizadas com maior frequência e intensidade ao longo de um período de tempo mais curto. Essa abordagem visa a proporcionar alívio mais rápido dos sintomas, o que pode ser especialmente útil para pacientes com TOC grave. Estudos mostram que a TCC intensiva pode ser tão eficaz quanto a TCC convencional, e os pacientes frequentemente relatam melhorias significativas em um curto período. Além disso, essa abordagem pode ser benéfica para aqueles que têm dificuldade em se comprometer com um tratamento de longa duração devido a limitações de tempo ou outros compromissos.

A TCC *on-line* para o tratamento do TOC surgiu como uma solução inovadora para tornar o tratamento do TOC mais acessível, uma vez que a *internet* pode alcançar um número maior de pessoas que, por alguma dificuldade (distância, tempo, dinheiro, falta de profissional especializado), não tem acesso ao tratamento adequado. Com o avanço da tecnologia, plataformas digitais permitem que os pacientes participem de sessões de TCC por meio de videoconferências, aplicativos móveis ou módulos de autoajuda *on-line*. Essa modalidade é particularmente vantajosa para indivíduos que vivem em áreas remotas ou que têm dificuldade em acessar serviços de saúde mental presencialmente. Pesquisas indicam que a TCC *on-line* pode ser tão eficaz quanto a terapia presencial, proporcionando uma alternativa viável e flexível para muitos pacientes.

As terapias de terceira onda, como a terapia de aceitação e compromisso (ACT, do inglês *acceptance and commitment therapy*) – desenvolvida por Steven C. Hayes, psicólogo americano – e a terapia comportamental dialética (DBT, do inglês *dialectical*

> Apesar de a TCC ser a abordagem tradicional de escolha para o tratamento do TOC, novas abordagens estão sendo investigadas e implementadas para melhorar a eficácia e a acessibilidade do tratamento.

behabior therapy) – criada pela psicóloga americana Marsha Linehan –, também estão sendo exploradas no tratamento do TOC. Essas abordagens se concentram em aspectos como aceitação, *mindfulness* (atenção plena ou consciência plena) e regulação emocional, oferecendo uma perspectiva diferente em relação à TCC tradicional. A ACT, por exemplo, ajuda os pacientes a aceitarem suas obsessões sem tentar eliminá-las, enquanto se comprometem com ações alinhadas aos seus valores pessoais. A DBT, por sua vez, combina técnicas de *mindfulness* com estratégias de regulação emocional, sendo útil para portadores de TOC que também apresentam comorbidades, como depressão ou transtornos da personalidade. As terapias de terceira onda têm mostrado resultados promissores e estão ganhando reconhecimento como opções complementares ou alternativas no tratamento do TOC.

TCC intensiva

A maioria dos portadores de TOC apresenta melhora com tratamentos de primeira linha; entretanto, uma parcela significativa dessas pessoas não responde bem a essas abordagens. Dessa forma, a TCC intensiva se destaca como opção de tratamento para algumas pessoas com TOC. Durante sua realização, é dada grande ênfase para o procedimento de EPR. Como já discutido no Capítulo 8, a EPR é o elemento do pacote de TCCs que demonstra maior efeito no tratamento psicoterápico do TOC. Assim, na TCC intensiva, a EPR acontece diariamente, por algumas horas, e de maneira assistida.

Embora ainda pouco difundida no Brasil, a TCC intensiva é uma abordagem com demonstrada eficácia para o tratamento de pessoas com TOC, tanto adultos quanto crianças e adolescentes. Importantes centros de pesquisa e tratamento do TOC no mundo oferecem essa forma de tratamento com variações de procedimentos e duração dos protocolos. O tratamento pode acontecer em regime ambulatorial, quando as pessoas comparecem ao centro para o tratamento e retornam para suas casas, ou para pessoas que ficam nos centros em regime de internação, quando a gravidade do caso requer maiores cuidados de saúde. Há relatos de protocolos que variam de 4 dias de tratamento até 90 dias consecutivos.

> A TCC intensiva é uma abordagem com demonstrada eficácia para o tratamento de pessoas com TOC. O tratamento pode acontecer em regime ambulatorial, quando as pessoas comparecem ao centro para o tratamento e retornam para suas casas, ou para pessoas que ficam nos centros em regime de internação.

Em todos os protocolos, ambulatoriais e em regime de internação, as pessoas recebem sessões de psicoeducação, terapia em grupo, sessões de psicoterapia individual e algumas horas do procedimento de EPR, base comum e fundamental do tratamento.

Pesquisas sobre a eficácia da TCC intensiva apontam para a melhora significativa dos sintomas de TOC em um período curto de tempo, comparada às terapias tradicionais realizadas semanalmente. Uma hipótese razoável para os bons resultados obtidos com a TCC intensiva é a garantia de que seja realizada a EPR de maneira contínua, sem intervalos de tempo nos quais as pessoas realizam seus rituais compulsivos que, como sabemos, "alimentam" o TOC. Assim, é como se, nesse período, o TOC deixasse de ser "alimentado" e fosse ficando cada vez mais fraco, sem energia. Ao mesmo tempo, as pessoas que estão em tratamento intensivo vão se fortalecendo nessa batalha.

É importante ressaltar que, ao fim do protocolo, as pessoas devem manter as EPRs realizadas e avançar o quanto puderem, preferencialmente assistidas por um psicoterapeuta que trabalhe com TCC e saiba realizar o procedimento.

A TCC intensiva está atualmente em fase de implementação no Brasil, com um projeto de pesquisa conduzido no Hospital das Clínicas da Faculdade de Medicina da USP, em São Paulo.

TCC *on-line*

Com o avanço da tecnologia, ferramentas digitais como plataformas digitais e aplicativos móveis têm se tornado poderosas aliadas no tratamento dos transtornos mentais. Vamos abordar como as ferramentas digitais síncronas (profissional e paciente ao mesmo tempo) e assíncronas (cada um no seu tempo) têm auxiliado as pessoas que sofrem com o TOC.

As intervenções assíncronas incluem o uso de aplicativos e plataformas *on-line* que fornecem conteúdos terapêuticos para o paciente trabalhar em seu próprio ritmo. Embora essas intervenções também sejam eficazes, elas tendem a ter um impacto um pouco menor quando comparadas às sessões ao vivo. No entanto, estudos mostraram que, mesmo com essa diferença, essas ferramentas são bem aceitas pelos indivíduos que sofrem com o TOC e podem ser um complemento valioso ao tratamento tradicional. A ideia é que esses aplicativos possam melhorar significativamente os sintomas obsessivo-compulsivos e a ansiedade dos portadores de TOC. No entanto, é importante

> As ferramentas digitais síncronas (profissional e paciente ao mesmo tempo) e assíncronas (cada um no seu tempo) têm auxiliado as pessoas que sofrem com o TOC.

lembrar que devem ser usados sob orientação de um profissional de saúde, como uma ferramenta de apoio entre as consultas e para melhorar a adesão às tarefas de casa.

Nos últimos 10 anos, tem surgido uma nova abordagem de TCC: a TCC *on-line*. Isso significa que toda a terapia é feita por meio de uma plataforma *on-line*, em módulos já predefinidos de tratamento. A TCC *on-line* já demonstrou, em alguns estudos, resultados semelhantes aos da TCC feita ao vivo. Além disso, a TCC *on-line* tem a vantagem de alcançar mais pessoas, como aquelas que não teriam acesso ao tratamento devido, na maioria das vezes, ao fato de não terem um profissional especializado em sua cidade ou à falta de locomoção (muitas vezes em função dos próprios sintomas do TOC). Assim, a grande vantagem desse tipo de terapia é beneficiar um maior número de pessoas afetadas pelo transtorno. Essa alternativa terapêutica ganhou ainda mais força a partir de 2020, em função do distanciamento social imposto pela pandemia da covid-19.

A TCC *on-line* pode ser feita de mais de uma maneira:

- assistida por um terapeuta, ou seja, um terapeuta acompanha a evolução do tratamento do portador de TOC pela plataforma (a comunicação entre o terapeuta e o portador de TOC é feita via troca de mensagens);
- sem o acompanhamento do terapeuta (o portador de TOC realiza seu tratamento de forma autônoma, apenas interagindo com a plataforma, sem um terapeuta guiando os próximos passos).

A TCC *on-line* para o tratamento do TOC já existe em muitos países e recentemente chegou ao Brasil (já foi realizado e finalizado um estudo pioneiro na cidade de São Paulo, no Hospital das Clínicas da Faculdade de Medicina da USP, por uma das autoras deste capítulo), com resultados positivos na redução dos sintomas de TOC.

▍ Psicoterapias de terceira onda

As psicoterapias de terceira onda representam uma evolução no campo da psicoterapia, incorporando conceitos de aceitação, *mindfulness* e processos contextuais e comportamentais. Diferentemente das abordagens tradicionais, que focam na alteração dos pensamentos e nos comportamentos disfuncionais, as terapias de terceira onda enfatizam a aceitação dos pensamentos e sentimentos negativos, ajudando os indivíduos com TOC a viverem de maneira mais plena e significativa, apesar das dificuldades. No contexto do TOC, essas terapias têm mostrado ser uma adição valiosa, proporcionando novas ferramentas e estratégias para o manejo dos sintomas.

A ACT é uma das principais abordagens de terceira onda aplicadas ao TOC. A ACT ajuda os indivíduos a desenvolverem uma atitude de aceitação em relação às suas obsessões e compulsões, em vez de lutarem contra elas. Essa terapia utiliza técnicas de *mindfulness* para aumentar a consciência e a aceitação do momento presente (ver Capítulo 10), permitindo que os indivíduos tomem perspectiva de suas obsessões sem se identificar com elas ou se engajar nelas. Além disso, a ACT enfatiza a identificação e o compromisso com valores pessoais verdadeiros e profundos, incentivando os indivíduos a direcionarem suas ações de acordo com o que é mais importante para eles, independentemente das obsessões e compulsões.

> As terapias de terceira onda enfatizam a aceitação dos pensamentos e sentimentos negativos, ajudando os indivíduos com TOC a viverem de maneira mais plena e significativa, apesar das dificuldades.

Outra terapia de terceira onda relevante para o TOC é a DBT. Originalmente desenvolvida para tratar o transtorno da personalidade *borderline*, a DBT tem se mostrado eficaz para diversos transtornos mentais, incluindo o TOC. A DBT combina estratégias de *mindfulness* com habilidades de regulação emocional, tolerância ao estresse ou desconforto e eficácia interpessoal. No contexto do TOC, a DBT pode ajudar os indivíduos com TOC a gerenciarem melhor suas emoções intensas e reduzirem a frequência e a intensidade das compulsões. A prática de *mindfulness* na DBT também auxilia as pessoas a observarem suas obsessões de forma não julgadora, permitindo uma resposta mais consciente e equilibrada e menos reativa aos sintomas do TOC.

E quem não melhora do TOC, o que fazer?

Como descrevemos anteriormente, a maioria das pessoas obtém melhora dos sintomas do TOC com o tratamento adequado. Entretanto, um percentual pequeno (por volta de 10%) não consegue ter melhora significativa, e há, ainda, algumas poucas pessoas que não conseguem melhorar nada, infelizmente.

> A terapia de aceitação e compromisso utiliza técnicas de *mindfulness* para aumentar a consciência e a aceitação do momento presente enfatiza a identificação e o compromisso com valores pessoais verdadeiros e profundos, incentivando os indivíduos a direcionarem suas ações de acordo com o que é mais importante para eles.

> A DBT combina estratégias de *mindfulness* com habilidades de regulação emocional, tolerância ao estresse ou desconforto e eficácia interpessoal.

São os casos que chamamos de resistentes ou refratários. Entre os motivos da não melhora com o tratamento podem estar: não tolerância às medicações indicadas ou não tolerância à TCC, que são os tratamentos de primeira escolha, altos níveis de acomodação familiar (ver Capítulo 8) ou presença de outros diagnósticos associados ao TOC que dificultam o engajamento no tratamento (p. ex., depressão, abuso de álcool e drogas, fobia social, etc.). Quando não existe melhora com essas abordagens iniciais, mesmo que tenham sido feitas adequadamente (por "adequadamente" devemos entender: profissional especializado, dose de medicação adequada por tempo suficiente e TCC por no mínimo 20 sessões, com um profissional qualificado para um protocolo para TOC), deve-se pensar em outras formas de tratamento, algumas delas mais invasivas e abordadas no Capítulo 11.

É importante que o indivíduo não desanime de enfrentar os sintomas do TOC, por mais difícil ou longo que seja o tratamento. Algumas vezes, o tratamento pode ser mais demorado, com várias mudanças de medicação, incluindo até períodos de piora ou estagnação dos sintomas. Entretanto, quando qualquer resultado positivo aparece, sempre é muito gratificante para a pessoa e seus familiares, assim como para o profissional de saúde! Toda melhora, mesmo que pequena, deve ser muito comemorada e valorizada por todos os envolvidos no tratamento.

Considerações finais

Felizmente, tivemos avanços na área da psicoterapia nos últimos anos. Novas técnicas, novas abordagens e pesquisas demonstrando a eficácia com estudos sérios e bem conduzidos fornecem novas opções de tratamento para os indivíduos com TOC. Apesar de a TCC baseada em EPR ainda ser a linha de primeira escolha, as novas psicoterapias vieram para somar aos tratamentos existentes.

A tecnologia tem revolucionado os tratamentos em saúde mental, especialmente para quem tem transtornos mentais crônicos, como o TOC. A possibilidade de usar aplicativos e dispositivos como *smartphones* e monitorar em tempo real o comportamento e os sintomas dos pacientes, ajustando o tratamento conforme necessário, tem sido promissora. Terapias realizadas por videoconferência têm se mostrado tão eficazes quanto as presenciais, e aplicativos específicos para tratar sintomas obsessivo-compulsivos oferecem suporte adicional, ajudando tanto na melhor resposta e na adesão ao tratamento quanto na manutenção dos ganhos obtidos ao longo do tempo. No entanto, é importante usar essas ferramentas sob orientação de um profissional de saúde. Além disso, a TCC *on-line* aumenta a chance de termos um maior número de pessoas tratadas no Brasil, com um tratamento de primeira linha, de baixo custo e efetivo na redução dos sintomas de TOC.

A TCC intensiva tem se estabelecido como alternativa para pessoas com diferentes gravidades do TOC. Ela oferece a possibilidade de um tratamento em período reduzido, permitindo às pessoas que vivem longe de grandes centros se tratarem com protocolos que contribuem para uma boa resposta ao tratamento. Isso é importante, pois, infelizmente, a oferta de profissionais qualificados para o tratamento do TOC por meio da TCC ainda é reduzida, no Brasil e no mundo.

As terapias de terceira onda, como a ACT e a DBT, oferecem recursos adicionais, que se concentram em aceitação, *mindfulness* e regulação emocional. Essas terapias proporcionam novas perspectivas e técnicas que podem ser particularmente úteis para indivíduos que não respondem completamente à TCC tradicional. A ACT, por exemplo, ajuda os pacientes a aceitarem suas obsessões e a se comprometerem com ações alinhadas aos seus valores pessoais, enquanto a DBT combina *mindfulness* com estratégias de regulação emocional para gerenciar melhor as compulsões e obsessões. A inclusão dessas terapias amplia as ferramentas terapêuticas e aumenta as chances de sucesso no tratamento do TOC.

Capítulo **10**
TOC e estilo de vida

Acácio **Moreira-Neto**
Leonardo F. **Fontenelle**
Albina Rodrigues **Torres**

Os sintomas obsessivo-compulsivos podem impactar negativamente a qualidade e o estilo de vida das pessoas que desenvolvem o transtorno obsessivo-compulsivo (TOC). Por exemplo, muitas delas apresentam maior tendência a desenvolver uma série de doenças físicas, devido a um estilo de vida pouco saudável. Isso inclui baixo nível de atividade física, dieta de má qualidade, estresse crônico, má qualidade de sono e consumo de álcool, tabaco e outras drogas. Assim, apresentam propensão a terem doenças cardiovasculares, diabetes e obesidade, sendo que os sintomas mais graves são observados em pessoas com TOC que têm baixo nível de atividade física. Além disso, podem ter menor ingestão de vitamina B12, vitamina D, verduras, legumes e frutas, além de maior propensão a comer comidas mais calóricas, como *fast-food*. Ainda, existe a possibilidade de desenvolverem comportamentos alimentares compulsivos.

> Muitas pessoas com TOC apresentam maior tendência a desenvolver uma série de doenças físicas, devido a um estilo de vida pouco saudável. Isso inclui baixo nível de atividade física, dieta de má qualidade, estresse crônico, má qualidade de sono e consumo de álcool, tabaco e outras drogas.

O estresse crônico pode decorrer não apenas de traumas passados, mas também das pressões cotidianas de nossas interações interpessoais, sociais e familiares. Por sua vez, essa tensão tem um impacto direto no TOC, prejudicando a qualidade de vida diária e aumentando a intensidade dos sintomas. O consumo de álcool e tabaco não apenas diminui a expectativa de vida, mas também aumenta o risco de câncer, doenças cardiovasculares e outras dependências químicas, afetando significativamente a qualidade de vida das pessoas. Além disso, pode agravar os sintomas do TOC, a ansiedade, o estresse e os sintomas depressivos.

Nos últimos anos, houve um grande desenvolvimento de um ramo da psiquiatria chamado de "psiquiatria positiva" ou "psiquiatria de estilo de vida" (do domínio maior da "medicina de estilo de vida"), que visa não apenas à diminuição dos sintomas dos transtornos mentais, mas também à promoção do bem-estar geral. Trata-se de uma abordagem integrativa e holística, que envolve intervenções comportamentais e psicossociais, além dos medicamentos e da psicoterapia. Assim, quando falamos de um estilo de vida saudável, estamos nos referindo às escolhas e aos comportamentos do dia a dia que podem promover o bem-estar e a resiliência. Em geral, melhorar a alimentação, praticar mais exercícios físicos, se movimentar, usar técnicas de respiração consciente e manter uma vida social ativa são maneiras de melhorar a qualidade de vida, fortalecer a saúde mental e física (que são inseparáveis) e viver melhor por mais tempo. A questão é: como a adoção de um estilo de vida mais saudável pode ajudar no tratamento do TOC? Isso pode se dar de várias maneiras, que detalharemos a seguir.

Atividade física

A atividade física engloba qualquer movimento do corpo que gaste mais calorias do que ficar em repouso. Nos últimos anos, com o avanço da tecnologia e as facilidades dos meios de transporte e comunicação, a atividade física da população geral diminuiu. Passamos mais tempo sentados, dentro de carros, e nos movimentamos pouco ao longo do dia. Esse comportamento sedentário contribui para o desenvolvimento de várias doenças.

Por outro lado, o exercício físico é uma atividade física sistematizada, como "vou correr 30 minutos no parque" ou "vou à academia". Apesar da redução da atividade física em geral, o número de pessoas praticando exercícios físicos aumentou, devido ao crescimento do número de academias e espaços para tais práticas. No entanto, essa

> Atividade física engloba qualquer movimento do corpo que gasta mais calorias do que ficar em repouso. Por outro lado, o exercício físico é uma atividade física sistematizada, como "vou correr 30 minutos no parque" ou "vou à academia".

> Gostar da atividade é o fator principal para a adesão à prática de exercícios físicos.

abordagem nem sempre tem se mostrado eficaz. Talvez seja mais efetivo incentivar a atividade física em geral, em vez de tentar encaixar as pessoas em modalidades específicas. Em cidades litorâneas, por exemplo, a expectativa de vida é maior e as pessoas são mais ativas, devido às características do ambiente.

Quanto à prática de exercícios físicos, o fator principal para aderir é gostar da atividade. É essencial escolher um exercício de que você goste, independentemente do que pareça mais acessível. Caminhar ou correr ao ar livre é uma boa opção se você gosta disso, mas, se não for o caso, uma academia pode ser uma alternativa, com musculação ou exercícios aeróbicos. Se nenhuma dessas opções lhe agrada, existem mais de 400 modalidades de esportes para experimentar. O importante é se movimentar e manter uma prática que você aprecie. Com a maior adesão aos exercícios físicos e o aumento da atividade física, há uma probabilidade reduzida de desenvolver sintomas ansiosos e depressivos, o que contribui para melhor saúde mental e melhora do sono. Embora esse campo de estudo seja relativamente recente, percebemos sentimentos positivos quando nos movemos de maneiras prazerosas.

A prática de exercícios físicos, como aeróbicos, ioga e treinamento de força, parece melhorar os sintomas do TOC. No entanto, mais estudos são necessários para compreender qual intervenção é mais eficaz e se existe um tipo específico de exercício que pode ser mais benéfico na redução dos sintomas do TOC.

▌ Alimentação saudável

Para um estilo de vida saudável, também é muito importante uma boa alimentação. Existem muitas pesquisas nessa área da "psiquiatria nutricional" que demonstram o impacto da alimentação na nossa saúde mental. Hoje, sabemos que, quando nos alimentamos bem, temos menos chance de desenvolver, por exemplo, sintomas ansiosos e depressivos, pois uma série de processos biológicos são afetados positivamente, incluindo menos inflamação e estresse oxidativo, mais neuroplasticidade e equilíbrio do microbioma intestinal (microrganismos que habitam nosso intestino e impactam várias funções fisiológicas). Na verdade, o intestino vem sendo chamado de "segundo cérebro", tamanha sua importância na produção de neurotransmissores que afetam o nosso estado de humor e a regulação emocional.

De maneira geral, pessoas que seguem uma alimentação mais saudável, ingerindo menos açúcar, frituras, alimentos industrializados e gorduras nocivas, têm melhor qualidade de vida, menor risco de desenvolver diversas doenças (físicas e mentais) e maior longevidade. Os alimentos nos dão energia, que é fundamental para as funções gerais do nosso corpo e para o estado de humor e disposição. Eles são compostos por macronutrientes (carboidratos, proteínas e gorduras) e micronutrientes (vitaminas e minerais). Para ingeri-los em quantidades adequadas, precisamos ter uma alimentação variada, a fim de suprir essas necessidades do corpo.

> De maneira geral, pessoas que têm uma alimentação mais saudável, têm melhor qualidade de vida, menos risco de desenvolver diversas doenças – sejam elas físicas ou mentais – e maior longevidade.

Quando pensamos em melhorar a nossa alimentação, pensamos logo em "começar uma dieta". Entretanto, quando pensamos em uma "dieta", estamos pensando na realidade em uma "dietoterapia" – basicamente um cardápio que precisamos seguir de maneira "religiosa", sem aplicação na vida cotidiana. Ninguém consegue seguir uma dieta pela vida inteira. Existem eventos de trabalho, reuniões de família e imprevistos que nos impedem de seguir dietas rígidas. Além disso, a alimentação mais efetiva para a perda de peso com saúde é pautada no cultivo de hábitos saudáveis. Assim, devemos tomar a decisão de nos alimentarmos bem no dia a dia, visando a obter os macro e micronutrientes necessários, mantendo uma alimentação não restritiva e comendo aquilo de que gostamos em quantidades adequadas.

Tomar essa decisão parece algo complexo, mas as orientações a seguir podem auxiliar a sua alimentação. Quando pensamos em alimentos nutritivos, pensamos em alimentos consistentes, que possuem alto teor nutricional, poucas calorias e que auxiliam a sensação de saciedade. Alimentos naturais que possuem mais água em sua composição (p. ex., frutas, legumes e verduras) normalmente auxiliam mais a saciedade do que alimentos secos e industrializados. Comparando, por exemplo, as calorias de um pacote de biscoitos e um almoço, temos valores importantes a considerar: um pacote de biscoitos possui aproximadamente 650 calorias, enquanto um almoço com arroz, feijão, filé de frango, salada e vegetais possui 500 calorias. O almoço oferece um bom aporte de macro e micronutrientes e pode saciar a fome; já os biscoitos fornecerão poucos nutrientes e muitas calorias e, por serem um alimento seco, sua saciedade é baixa, logo, depois de pouco tempo, a vontade de "beliscar" ou de fazer outra refeição aumentará. Um exemplo de boa escolha de alimentos ricos em nutrientes e que auxiliam bastante a saciedade é o de verduras e legumes, pois possuem muita água em sua composição, além de

> Seguir uma dieta mais saudável significa que não devemos comer doces e o que gostamos? Na verdade, deve-se visar a uma alimentação sem restrições, mas com algumas táticas que podem auxiliar nas escolhas (veja no texto).

alta quantidade de fibras, proteínas e minerais e baixas calorias. Normalmente, na montagem dos nossos pratos, eles deveriam ocupar aproximadamente 50% do total de alimentos.

Além disso, deve-se priorizar carboidratos consistentes, como arroz, batata (inglesa ou doce) e massas, evitando ao máximo doces e bebidas açucaradas, como refrigerantes e sucos industrializados. Sempre que possível, optar por pães, arroz, grãos, cereais e massas integrais. Por fim, componha a alimentação com pelo menos 20% de proteína, principalmente provenientes de vegetais (p. ex., feijão, lentilha, soja, grão-de-bico, ervilha, aveia, quinoa, chia, nozes) e de fontes como ovo, frango, peixe e carne (com pouca gordura). Isso quer dizer que não devemos comer doces e o que gostamos? Na verdade, devemos visar a uma alimentação sem restrições; porém, algumas táticas podem auxiliar:

- Sempre que possível, cozinhe em casa, utilizando alimentos frescos e não industrialmente processados.
- Beba bastante água e bebidas sem açúcar (p. ex., chá verde, de camomila, erva-doce), pois uma boa hidratação é fundamental para o bom funcionamento do nosso organismo.
- Beba água durante a refeição, pois isso pode auxiliar o preenchimento do estômago e a ingerir menos calorias.
- Antes de comer um alimento muito calórico, como um chocolate, tente fazer uma refeição.
- Quando for em um restaurante comer *pizza* ou algo do gênero, antes de sair de casa faça uma refeição leve, para não comer tantos pedaços.
- Faça um prato de entrada com salada, verduras ou sopa, pois isso auxilia a saciar a fome e a não comer muito depois.

Mindfulness (atenção plena ou consciência plena)

Em meio ao vasto campo das práticas para ajudar no manejo do estresse e aprimorar a qualidade de vida, surge o *mindfulness* (em português, atenção plena, ou consciência plena) como uma ferramenta promissora e transformadora. O que é *mindfulness*? É uma prática meditativa laica que pode ser definida como ter consciência momento a momento de pensamentos, sentimentos, sensações corporais e do ambiente circundante. Mas vai além disso. Estar atento ao momento presente intencionalmente significa estar aberto, de forma não julgadora, amigável, curiosa, aceitadora, compassiva e gentil. Nossa mente é muito inquieta, tendendo a ruminar acontecimentos passados e se preocupar com o futuro, o que "rouba" nossa atenção do momento presente. Devemos então treiná-la para voltar a atenção para o presente, repetida e gentilmente, procurando viver o momento presente em "alta definição".

As práticas de *mindfulness* têm como objetivo cultivar esse estado de atenção plena no aqui e agora, podendo ser práticas formais, como sentar-se em meditação ancorando a atenção na respiração, caminhar conscientemente ou fazer um escaneamento corporal (prestar atenção sucessivamente nas diferentes partes do nosso corpo), e informais, quando praticadas na vida cotidiana (p. ex., cozinhar, comer ou ler com atenção plena nessas atividades). Entre as abordagens terapêuticas baseadas em *mindfulness*, destacam-se a redução do estresse baseada em *mindfulness* e a terapia cognitiva baseada em *mindfulness*.

No contexto do TOC, o *mindfulness* emerge como um poderoso aliado. Em vez de tentar suprimir as obsessões, o que é contraproducente, essa prática "convida" os indivíduos com TOC a aceitarem esses pensamentos ou impulsos indesejados, lembrando que são apenas produções mentais (não são a realidade, muito menos premonições). Em vez de lutar contra eles, encoraja-se a prática do *"urge surfing"*, que é a simples conscientização dos impulsos transitórios, sem ceder ou se identificar com eles. Outra analogia muito utilizada é a de observar os próprios pensamentos e emoções relacionadas como se fossem nuvens passando pelo céu azul da consciência, já que aparecem e se transformam em pouco tempo.

Estudos recentes demonstraram que intervenções baseadas em *mindfulness* ajudam a minimizar os sintomas de TOC, bem como sintomas de depressão e ansiedade, além de promover o autoconhecimento, a regulação emocional e a aquisição de habilidades de atenção focada e aprendizagem. Essas intervenções, frequentemente ensinadas em grupo ao longo de 8 semanas, por instrutores especializados, englobam uma

> No contexto do TOC, o *mindfulness* não tenta suprimir as obsessões, o que é contraproducente, mas "convida" os indivíduos com TOC a aceitarem esses pensamentos ou impulsos indesejados, lembrando que são apenas produções mentais (não são a realidade, muito menos premonições).

> Em momentos difíceis, devemos reconhecer que estamos sofrendo e procurar agir com gentileza e bondade para aliviar nosso próprio sofrimento, lembrando que muitas pessoas passam por situações parecidas e igualmente difíceis.

variedade de práticas guiadas, como atenção à respiração, escaneamento corporal e atenção plena nas atividades da vida diária. No entanto, apesar dos resultados promissores, ainda faltam protocolos padronizados para essas intervenções, bem como uma compreensão mais aprofundada de seu impacto em longo prazo. Mais pesquisas são necessárias, envolvendo amostras maiores e mais diversas e um acompanhamento ao longo do tempo, para elucidar ainda mais o potencial do *mindfulness* no tratamento do TOC e na promoção da qualidade de vida.

Autocompaixão

Outro aspecto muito importante e relacionado ao *mindfulness* é o treino de autocompaixão. Trata-se de estimular nossa capacidade natural de cuidar das nossas dores e sofrimentos. Em momentos difíceis, devemos reconhecer que estamos sofrendo e procurar agir com gentileza e bondade para aliviar nosso próprio sofrimento, lembrando que muitas pessoas passam por situações parecidas e igualmente difíceis. Em outras palavras, procurar se tratar da mesma forma que trataria uma pessoa muito querida que estivesse sofrendo, em vez de ser excessivamente autocrítico e autoexigente, o que só piora o sofrimento. Assim, as pessoas com TOC não devem se criticar, se culpar ou se envergonhar por ter pensamentos e impulsos indesejados ou comportamentos compulsivos, mas admitir o sofrimento que eles geram e fazer todo o possível para aliviá-lo. As práticas regulares de *mindfulness* aumentam gradualmente nossa capacidade de autocompaixão e de compaixão pelos outros, havendo ainda cursos e práticas meditativas voltadas mais diretamente para o desenvolvimento dessa importante habilidade emocional (p. ex., meditação *metta* ou da bondade-amorosa, Tonglen, etc.).

Sono adequado

Quando dormimos bem (para adultos, recomenda-se de 7 a 9 horas de sono por noite), isso favorece nossa regulação emocional, a resposta imune (maior resistência a infecções), o metabolismo e a função da insulina (controle dos níveis de açúcar no sangue), a regulação do apetite (por meio dos hormônios da fome e da saciedade), a consolidação de memórias e aprendizado e o funcionamento mental global (capacidade de pensar, lembrar, resolver problemas, tomar decisões, se relacionar com os outros, etc.).

Recomendam-se algumas medidas de "higiene do sono", como praticar atividade física regularmente durante o dia, evitar bebidas estimulantes (p. ex., café, chá preto, refrigerantes tipo "cola" e energéticos, especialmente após o meio-dia)

> Sempre que sentir necessidade, procure desacelerar ou pausar um pouco e simplesmente apreciar ou contemplar o ambiente em que está, saborear um lanche com calma, deitar-se um pouco no sofá ou na rede, apreciar o céu, a chuva, os sons dos pássaros, etc.

e comida pesada no jantar, procurar não jantar muito tarde e se "desligar" de aparelhos eletrônicos, noticiários e redes sociais pelo menos uma hora antes de se deitar. O quarto deve estar escuro, o mais silencioso possível e com temperatura amena. É importante também manter uma rotina estável de horários de dormir e acordar (p. ex., evitar grandes variações aos fins de semana), procurar se expor à luz matinal assim que despertar e evitar muita luminosidade (incluindo telas) pelo menos uma hora antes de se deitar.

Descanso

Hoje em dia, parece que esquecemos a importância de descansar, estamos sempre fazendo ou "produzindo" alguma coisa. No entanto, não somos máquinas e precisamos nos dar o direito de descansar para recarregar as energias e, inclusive, melhorar a produtividade e a criatividade. Assim, sempre que sentir necessidade, procure desacelerar ou pausar um pouco e simplesmente apreciar ou contemplar o ambiente em que está, saborear um lanche com calma, deitar-se um pouco no sofá ou na rede, apreciar o céu, a chuva, os sons dos pássaros, etc.

Lazer e diversão

O bom-humor e o riso favorecem a liberação de endorfinas (que diminuem a sensação de dor e melhoram o humor), o funcionamento do sistema cardiovascular, a resposta imune, o nível de energia, a disposição e a criatividade, assim como nossos relacionamentos. Portanto, permita-se fazer as coisas de que você gosta (ouvir música, dançar, cantar, pintar, ler...), brincar e se divertir com amigos, crianças, animais de estimação... Sem negar os problemas e as dificuldades da vida, a alegria é um direito e uma necessidade de todos nós.

Contato com a natureza

Há muitos estudos mostrando os inúmeros benefícios do contato com a natureza para a nossa saúde física e mental. A natureza nos traz uma sensação de paz, tranquilidade, harmonia e bem-estar, diminui a atividade mental e melhora a atenção e o humor. Com a crescente urbanização, infelizmente muitos de nós, sobretudo nas grandes cidades, passamos vários dias quase sem oportunidades de ter contato com a natureza. Então, sempre que possível, passe alguns minutos no quintal de casa ou em um parque, ouça os sons da natureza, coloque vasos de plantas em casa ou no local de trabalho e, nas férias, procure escolher destinos mais ecológicos, como praias, sítios, trilhas e cachoeiras.

> A natureza nos traz uma sensação de paz, tranquilidade, harmonia e bem-estar, diminui a atividade mental e melhora a atenção e o humor.

Outro aspecto importante é a exposição regular à luz solar, pois isso traz diversos benefícios para nossa saúde. Sabe-se que é fundamental para a produção de vitamina D, que favorece a saúde dos ossos, dentes e músculos e diminui o risco de alguns tipos de câncer. Além disso, beneficia o sistema imunológico, reduzindo o risco de infecções, enquanto diminui as respostas inflamatórias excessivas e as dores físicas (p. ex., fibromialgia, osteoartrites). Estudos indicam ainda que a luz solar natural favorece a regeneração dos tecidos (p. ex., cura de ferimentos), melhora o metabolismo de glicose, a circulação sanguínea e a hipertensão arterial, assim como o sono (regulação da melatonina), o humor, a disposição e o bem-estar, sintomas depressivos e ansiosos (por meio da liberação de serotonina). Assim, recomenda-se a exposição diária (ou quase) à luz solar por aproximadamente 10 a 15 minutos (ou até 30 minutos para pessoas de pele mais escura), sendo que, além desse tempo, é importante o uso de óculos escuros e protetor solar, para evitar queimaduras, risco de câncer de pele ou envelhecimento precoce. Portanto, passar um tempinho ao ar livre fazendo exercícios, caminhadas ou jardinagem pode ser um potente fator gerador de saúde.

Bons relacionamentos com pessoas significativas

Nós somos seres sociais por natureza, e manter bons relacionamentos é fundamental para nossa saúde física e mental. Temos necessidade de conexões sociais e de pertencimento, somos programados para viver em coletividade e ajudar uns aos outros. Portanto, cultive (novas e velhas) amizades e conviva o maior tempo possível com as pessoas que lhe fazem bem, que lhe trazem segurança, apoio e acolhimento. E lembre-se: as redes sociais não substituem o contato humano direto, olho no olho, mãos dadas, abraços, longos papos...

> Temos necessidade de conexões sociais e de pertencimento, somos programados para viver em coletividade e ajudar uns aos outros. Portanto, cultive (novas e velhas) amizades e conviva o maior tempo possível com as pessoas que lhe fazem bem, que lhe trazem segurança, apoio e acolhimento.

▌ Propósito de vida

Diversos estudos apontam que ter um propósito de vida é muito importante para nossa saúde (mental e física), resiliência, bem-estar e longevidade. Trata-se de sentir que a nossa vida tem um significado mais coletivo, alinhado com nossos valores pessoais mais profundos e verdadeiros (p. ex., generosidade, solidariedade, liberdade, honestidade, autenticidade, solidariedade, compaixão, etc.). Ou seja, nossos princípios ou valores fundamentais organizam intencionalmente nossos objetivos e direcionam nossas decisões e ações do dia a dia, como uma bússola. Dessa forma, quando usamos nossas competências, talentos ou habilidades para contribuir para a comunidade ou servir a algo maior que nós mesmos, sentimos que temos um motivo para viver. Quando vamos além de nossos próprios interesses, sentimos que a nossa vida tem sentido.

Ao relembrarmos nossos valores, sentimos mais satisfação com a vida, emoções positivas e bem-estar, temos menos preocupação e estresse e enfrentamos melhor as situações difíceis. Quanto mais autoconhecimento temos, mais capazes somos de identificar nossos valores e trazê-los para a vida diária, para nossos relacionamentos. Então, pergunte-se sempre: *"O que de fato importa para mim?"*.

▌ Considerações finais

Como discutido neste capítulo, essas melhoras no estilo de vida favorecem a saúde mental, especialmente o TOC, devido à capacidade de promover mudanças neuroplásticas cerebrais. Isso significa que mudar o estilo de vida pode alterar tanto funcional quanto estruturalmente o nosso cé-

> Quanto mais autoconhecimento temos, mais capazes somos de identificar nossos valores e trazê-los para a vida diária, para nossos relacionamentos. Então, pergunte-se sempre: *"O que de fato importa para mim?"*.

> A prática de atividade física regular, a realização de exercícios prazerosos, o contato com a natureza, o cultivo de bons relacionamentos, a adoção de uma alimentação equilibrada e a incorporação de práticas de *mindfulness* no cotidiano são medidas importantes para um estilo de vida mais saudável para pessoas com TOC.

rebro. Pessoas com maior nível de atividade física e melhor alimentação, por exemplo, tendem a apresentar maior volume cerebral, além de melhores conexões neuronais em áreas relacionadas a emoções e sentimentos. Além disso, essas práticas promovem alterações positivas no cérebro durante a sua execução e após um período de intervenção. Surpreendentemente, essas adaptações podem ocorrer em poucos meses de prática regular de exercícios físicos ou *mindfulness*. Isso se deve a uma alteração geral no nosso sistema nervoso, desde alterações do volume cerebral até mudanças menores, como o aumento de neurotrofinas, que são responsáveis pela proliferação e manutenção dos nossos neurônios.

Considerando o conjunto dos tópicos abordados neste capítulo, podemos traçar um caminho para um estilo de vida mais saudável para pessoas com TOC. A prática de atividade física regular, a realização de exercícios prazerosos, o contato com a natureza, o cultivo de bons relacionamentos, a adoção de uma alimentação equilibrada e a incorporação de práticas de *mindfulness* no cotidiano são medidas importantes. Dessa forma, esse estilo de vida pode não apenas auxiliar os sintomas do TOC, mas também reduzir o estresse crônico, promover melhor qualidade de sono e, principalmente, melhor qualidade de vida. Por fim, é importante ressaltar que essas práticas de autocuidado, em sua maioria, são autônomas, geram empoderamento e não envolvem gastos financeiros, mas dependem apenas de autopermissão e determinação. Então, lembre-se: incluir no dia a dia esses hábitos e escolhas tem um impacto potencial muito positivo na saúde, tanto física quanto mental.

Capítulo **11**

Neuromodulação para o TOC de difícil tratamento

Ygor Arzeno **Ferrão**
Antonio Carlos **Lopes**
Renata de Melo Felipe da **Silva**
Marco Antonio Nocito **Echevarria**
Isabelle Cacau de **Alencar**
Andre R. **Brunoni**
Israel Aristides de Carvalho **Filho**
Eurípedes Constantino **Miguel**
Marcelo Q. **Hoexter**

Os indivíduos com transtorno obsessivo-compulsivo (TOC) que respondem bem ao tratamento (chamados de "respondedores") são aqueles que, após qualquer intervenção convencional (seja medicamentosa e/ou psicoterápica), têm uma melhora mínima de 35% na gravidade dos sintomas medida por escalas para avaliar o TOC ou uma melhora satisfatória na impressão clínica do médico. Já quando uma pessoa com TOC não melhora com um tratamento convencional, como medicamentos ou terapia cognitivo-comportamental (TCC), falamos que ela é "resistente" a esse tratamento específico (p. ex., dizemos que a pessoa é resistente à fluoxetina ou à terapia). No entanto, se ela não responde a várias opções de tratamento, passa a ser considerada "refratária." O TOC refratário é identificado por alguns critérios: (1) se, após 16 semanas de tratamento com medicamentos principais (ver Capítulo 7), a pessoa teve uma melhora menor que 25% na gravidade dos sintomas medida por escalas para avaliar o TOC ou uma melhora mínima na impressão clínica do médico; (2) se já foram tentados pelo menos três tratamentos com medicamentos principais (incluindo o medicamento clomipramina), na dose máxima recomendada ou tolerada, por pelo menos 16 semanas cada; (3) se já foram tentadas pelo menos duas combinações de medicamentos, como outros antidepressivos ou antipsicóticos; e (4) se a pessoa passou por pelo menos 20 horas de TCC focada em exposição e prevenção de resposta (EPR) (ver Capítulo 8).

Epidemiologia e impacto na qualidade de vida

Embora os tratamentos convencionais para o TOC ajudem a maioria das pessoas, cerca de 20 a 30% não melhoram o suficiente. Para entender melhor, pense assim: de cada 10 pessoas com TOC, duas (20%) vão ter uma melhora muito boa ou até ficar completamente livres dos sintomas; seis (60%) vão melhorar um pouco, mas ainda terão sintomas que podem atrapalhar sua vida; e duas (20%) não vão responder bem aos tratamentos convencionais e continuarão sofrendo bastante com o TOC. O impacto na vida dessas pessoas e de suas famílias é grande. A gravidade do TOC e a dificuldade em encontrar um tratamento que funcione podem causar várias consequências, como mais gastos com tratamentos e consultas; mais sofrimento emocional e problemas de saúde; exclusão social e familiar devido ao estigma ligado ao TOC; além de maior dificuldade em manter um emprego ou seguir na escola. Diante disso, novas opções de tratamento, como técnicas de neuromodulação e neurocirurgia, estão sendo desenvolvidas para tentar melhorar a qualidade de vida das pessoas com TOC resistente e refratário.

> Novas opções de tratamento, como técnicas de neuromodulação e neurocirurgia, estão sendo desenvolvidas para tentar melhorar a qualidade de vida das pessoas com TOC resistente e refratário.

O que é neuromodulação?

A neuromodulação é um conjunto de técnicas de tratamento que atuam na comunicação elétrica do cérebro. A ideia básica é que transtornos como o TOC têm a ver com padrões anormais de como diferentes partes do cérebro se conectam, comunicam ou funcionam. Com a neuromodulação, usamos estímulos elétricos ou magnéticos em áreas específicas do cérebro para tentar mudar essa atividade e melhorar os sintomas. Essas técnicas se baseiam no fato de que o cérebro é "plástico", ou seja, tem a capacidade de se reorganizar e mudar, o que pode ajudar a melhorar comportamentos, pensamentos e sintomas.

Neuromodulação não invasiva

As técnicas de neuromodulação não invasivas são aquelas que não precisam de cirurgia e são consideradas seguras para o indivíduo. As mais conhecidas são a estimulação magnética transcraniana (EMT) e a estimulação transcraniana por corrente contínua (ETCC). A EMT usa campos magnéticos para gerar correntes elétricas em partes específicas do cérebro, ajudando a regular a atividade dos neurônios. Já a ETCC aplica correntes elétricas bem fracas diretamente no couro cabeludo para influenciar a atividade cerebral. A vantagem dessas técnicas é que, por não serem invasivas, podem ser repetidas e ajustadas com facilidade ao longo do tempo e têm poucos efeitos colaterais.

Neuromodulações invasiva e ablativa (lesão controlada)

As técnicas de neuromodulação invasiva envolvem cirurgias para colocar dispositivos diretamente no cérebro, o que ajuda a controlar a atividade elétrica do cérebro de forma mais precisa. A estimulação cerebral profunda (ECP) é uma das técnicas invasivas mais conhecidas e pode ser usada em indivíduos com TOC grave que não responderam a outros tratamentos. Nessa técnica, eletrodos são colocados em áreas específicas do cérebro e conectados a um aparelho que gera pulsos elétricos, ajudando a regular a atividade em circuitos e regiões do cérebro que não estão funcionando direito. Já as técnicas ablativas, como a cingulotomia (lesão da região cerebral do cíngulo) e a capsulotomia (lesão da região cerebral da cápsula interna), fazem uma lesão controlada de pequenas partes do cérebro que estão associadas aos sintomas. Isso é feito usando calor, frio, *laser* ou radiação. Tanto a ECP quanto as técnicas ablativas são indicadas apenas em casos extremos e são feitas para tentar regular áreas cerebrais que causam sintomas graves. Essas técnicas oferecem uma opção para pessoas com condições refratárias e severas, e seus benefícios potenciais podem superar os riscos. Entende-se por casos extremos aquelas pessoas que: 1) têm TOC como o principal problema há pelo menos cinco anos; 2) já tentaram, sem sucesso, pelo menos três tipos diferentes de medicações antidepressivas, incluindo a clomipramina, tomadas por pelo menos 12 semanas nas doses máximas possíveis ou nas doses mais altas que a pessoa conseguiu tolerar; 3) já fizeram TCC por pelo menos 20 horas ou tentaram fazer, mas não conseguiram continuar em razão dos sintomas; 4) já tentaram pelo menos duas estratégias de tratamento adicionais (como combinar outros tipos de remédios, como antipsicóticos ou benzodiazepínicos), por tempo suficiente e nas doses adequadas, mas não tiveram resultados satisfatórios.

> Tanto a estimulação cerebral profunda quanto as técnicas ablativas são indicadas apenas em casos extremos e são feitas para tentar regular áreas cerebrais que causam sintomas graves.

Os circuitos do cérebro e a neuromodulação

Estudos de neuroimagem mostram que o TOC envolve circuitos/trajetos específicos do cérebro que podem funcionar de forma anormal, mas que podem ser ajustados com tratamentos. Os principais circuitos afetados são os listados a seguir.

- **Circuito ventral afetivo**: processa sensações de prazer e emoções. Inclui o córtex orbitofrontal, o núcleo *accumbens* e o tálamo.
- **Circuito cognitivo dorsal**: é responsável por funções como planejamento, organização, memória e controle emocional. Inclui o córtex dorsolateral pré-frontal, o núcleo caudado e o tálamo.
- **Circuito cognitivo ventral**: atua na capacidade de autocontrole e na inibição de comportamentos. Inclui o giro frontal inferior, o córtex ventrolateral pré-frontal, o caudado ventral e o tálamo.
- **Circuito sensório-motor**: controla comportamentos motores e fenômenos sensoriais ("algo não está certo", sensações visuais, táteis ou auditivas). Inclui áreas motoras como a pré-área motora suplementar (SMA, do inglês *supplementary motor area*), SMA e o tálamo.
- **Circuito fronto-límbico**: lida com sentimentos de medo e ansiedade. Inclui o córtex ventromedial pré-frontal e a amígdala.

As técnicas de neuromodulação, tanto não invasivas quanto invasivas, buscam mudar a forma como esses circuitos, que estão envolvidos nos sintomas de TOC, se comunicam. Ao intervir nessas redes, essas técnicas tentam melhorar a comunicação e o funcionamento dos circuitos do cérebro que causam obsessões e compulsões. Os estímulos elétricos, os magnéticos ou os procedimentos ablativos têm o objetivo de reconfigurar essas redes do cérebro para reduzir a intensidade dos sintomas e melhorar a qualidade de vida das pessoas com TOC.

> As técnicas de neuromodulação, tanto não invasivas quanto invasivas, buscam mudar a forma como os circuitos que estão envolvidos nos sintomas de TOC se comunicam.

Aplicação da estimulação magnética transcraniana no tratamento do TOC

A EMT é uma alternativa promissora para tratar o TOC, especialmente em casos resistentes, nos quais medicamentos e psicoterapia não funcionaram. Pesquisas recentes mostram que a EMT pode ajudar a melhorar os sintomas do TOC, principalmente quando aplicada em áreas específicas do cérebro, como o córtex pré-frontal dorsolateral e a área motora suplementar. No entanto, a EMT ainda não está disponível em muitos lugares, sendo oferecida apenas em alguns centros especializados. Existem desafios, como a necessidade de mais pesquisas para descobrir a melhor forma de aplicação, quanto tempo o tratamento deve durar e como exatamente ele funciona no cérebro.

> Ainda existem desafios no entendimento da estimulação magnética transcutânea, como a necessidade de mais pesquisas para descobrir a melhor forma de aplicação, quanto tempo o tratamento deve durar e como exatamente ele funciona no cérebro.

Aplicação da estimulação elétrica transcraniana por corrente contínua no tratamento do TOC

A ETCC ainda não é um tratamento comum para o TOC e é usada principalmente em pesquisas. Muitos grupos de pesquisa pelo mundo estão estudando se a ETCC realmente funciona para o TOC, mas os resultados ainda não são claros. No geral, indivíduos que fizeram a ETCC mostraram melhora nos sintomas de TOC. No entanto, essa melhora não foi grande o suficiente para ser considerada clinicamente significativa, o que mostra que precisamos de mais estudos para entender melhor como a ETCC afeta o TOC. Assim como a EMT, a ETCC enfrenta desafios, como a necessidade de mais pesquisas que elucidem a maneira mais eficaz de aplicar o tratamento, quanto tempo ele deve durar e como exatamente ele age no cérebro. Apesar disso, a ETCC é vista como uma técnica encorajadora para o tratamento do TOC, mas que merece ser mais bem investigada.

Aplicação da estimulação cerebral profunda no tratamento do TOC

A ECP, ou *deep brain stimulation* (DBS), em inglês, é uma técnica invasiva que coloca eletrodos dentro do cérebro, os quais ficam conectados a um gerador de pulsos elétricos. Esse gerador envia pequenas correntes elétricas para os eletrodos implantados em regiões específicas do cérebro, com o objetivo de mudar a atividade elétrica dos circuitos ligados ao TOC. Depois que os eletrodos são colocados, diferentes ajustes, como voltagem e frequência, podem ser feitos para melhorar os efeitos do tratamento. Uma grande vantagem da ECP é que esses ajustes po-

> Pesquisas mostram que a estimulação cerebral profunda pode amenizar os sintomas de TOC em uma boa parte dos portadores. A melhora geralmente acontece em algumas semanas ou meses após o procedimento.

dem ser facilmente realizados pelo médico, permitindo personalizar o tratamento e reduzir os efeitos colaterais. A estimulação pode ser desligada a qualquer momento, se necessário. Os alvos mais comuns para a estimulação incluem áreas específicas do cérebro, como a cápsula interna e o núcleo *accumbens*. Pesquisas mostram que a ECP pode amenizar os sintomas de TOC em uma boa parte dos portadores. A melhora geralmente acontece em algumas semanas ou meses após o procedimento.

Apesar dos benefícios, a ECP também tem seus riscos. Efeitos colaterais comuns incluem hipomania, aumento da libido, tentativas de suicídio, piora da ansiedade e problemas de sono, além de dores de cabeça e formigamentos. Raramente, podem ocorrer outras complicações graves, como convulsões e infecções. É importante lembrar que esse tratamento é destinado a uma pequena parcela de pessoas com TOC que não tiveram sucesso com outras terapias, como medicamentos e TCC, e que ainda estão muito afetadas pelo transtorno.

Aplicação de procedimentos ablativos no tratamento do TOC: radiocirurgia por raios gama

A radiocirurgia por raios gama é uma técnica de neurocirurgia ablativa, voltada para o ramo anterior da cápsula interna, usada para tratar casos severos e refratários de TOC, que representam menos de 1% dos indivíduos com a condição. O tratamento geralmente utiliza doses baixas de radiação para minimizar os efeitos colaterais, e o procedimento é feito com radiação focada em uma dada região do cérebro que será lesada. O objetivo desse procedimento é interromper circuitos do cérebro que participam dos sintomas de TOC. Assim como a ECP, a radiocirurgia pode melhorar de maneira significativa os sintomas de TOC, mas isso acontece após alguns meses do procedimento. Os efeitos colaterais mais comuns incluem aumento do apetite, ganho de peso, dores de cabeça, náuseas, alterações de humor e desconforto leve no couro cabeludo. Efeitos graves, como cistos cerebrais e danos ao tecido cerebral, são raros, mas possíveis. No entanto, protocolos recentes com doses reduzidas e técnicas de direcionamento mais precisas têm contribuído para a redução desses riscos. Uma vantagem significativa da radiocirurgia por raios gama é que não requer incisão no crânio.

Considerações éticas e de segurança sobre a aplicação de procedimentos invasivos e ablativos no tratamento do TOC

Os procedimentos neurocirúrgicos para o tratamento de transtornos psiquiátricos, como o TOC, envolvem considerações éticas devido aos riscos inerentes à intervenção direta no cérebro. Um dos principais desafios éticos é garantir que os indivíduos que se submetem a essas cirurgias tenham realizado adequadamente todas as outras opções terapêuticas, como farmacoterapia e psicoterapia. É importante ressaltar que esses procedimentos devem ser indicados apenas para uma pequena parcela de portadores de TOC que não responderam de maneira satisfatória aos tratamentos de primeira linha e que apresentam significativo prejuízo funcional e na qualidade de vida, o que representa menos de 1% da população com TOC.

> É importante ressaltar que os procedimentos abordados neste capítulo devem ser indicados apenas para uma pequena parcela de pessoas com TOC que não responderam de maneira satisfatória aos tratamentos de primeira linha e que apresentam significativo prejuízo funcional e na qualidade de vida, o que representa menos de 1% da população com TOC.

Além das questões éticas, a segurança desses procedimentos também é uma preocupação central. Embora as técnicas modernas, como a radiocirurgia e a ECP, sejam menos invasivas e ofereçam perfis de segurança melhores em comparação com as antigas neurocirurgias abertas, ainda existem riscos a serem considerados. Complicações como convulsões, hemorragias intracerebrais e infecções, embora raras, são possíveis e devem ser cuidadosamente monitoradas e geridas. A reversibilidade de técnicas como a ECP é um avanço significativo, mas não elimina os riscos associados ao procedimento. Finalmente, a tomada de decisão quanto à realização de neurocirurgias para o TOC deve sempre ser feita dentro de um rigoroso contexto ético e de segurança, no qual o benefício potencial para o paciente deve ser claramente superior aos riscos envolvidos. Além disso, os critérios de inclusão para a cirurgia

> A tomada de decisão quanto à realização de neurocirurgias para o TOC deve sempre ser feita dentro de um rigoroso contexto ético e de segurança, no qual o benefício potencial para o paciente deve ser claramente superior aos riscos envolvidos.

devem ser rigorosos, claros e devidamente satisfeitos para que a indicação desses procedimentos seja justificada.

A avaliação, o planejamento e o acompanhamento desses pacientes devem ser realizados por uma equipe multidisciplinar, envolvendo psiquiatras, psicólogos e neurocirurgiões, garantindo assim que todas as perspectivas clínicas e éticas sejam consideradas. A necessidade de consentimento informado é crucial, a fim de assegurar que os indivíduos estejam plenamente conscientes dos riscos e benefícios antes de consentirem com o procedimento. É importante ressaltar que esses procedimentos ajudam a melhorar os sintomas, mas isso não quer dizer que estamos falando de cura. Na verdade, eles promovem melhorias e são parte do tratamento contínuo. Em suma, enquanto os avanços tecnológicos têm tornado essas cirurgias mais seguras e potencialmente mais eficazes, a cautela e o rigor ético devem guiar todas as decisões relacionadas ao seu uso.

▌ Considerações finais

O tratamento do TOC resistente ou refratário deve levar em conta a complexidade da condição e a variedade de abordagens terapêuticas disponíveis. Além de novas formas de psicoterapia (ver Capítulo 9) e mudanças de estilo de vida (ver Capítulo 10), diversos procedimentos de neuromodulação vêm sendo investigados.

Em resumo, indivíduos com TOC podem ser classificados em três categorias com base na resposta ao tratamento: "respondedor", "resistente" e "refratário". Pacientes "respondedores" experimentam uma redução significativa nos sintomas após tratamento convencional (medicamentos e/ou psicoterapia), enquanto aqueles "resistentes" não respondem a um tratamento específico, mas podem responder a outros. Por outro lado, pacientes "refratários" não apresentam melhora substancial após diversas tentativas de tratamentos, que incluem medicamentos de primeira linha, TCC e inúmeras estratégias de potencialização terapêutica.

Pacientes resistentes e refratários enfrentam desafios significativos que comprometem sua qualidade de vida, como elevados custos de tratamento, sofrimento emocional intenso e exclusão social. A dificuldade

Pacientes resistentes e refratários enfrentam desafios significativos que comprometem sua qualidade de vida, como elevados custos de tratamento, sofrimento emocional intenso e exclusão social. A dificuldade em encontrar tratamentos eficazes para esses indivíduos pode levar a consequências graves, como maior taxa de desemprego e problemas de saúde associados ao transtorno.

em encontrar tratamentos eficazes para esses indivíduos pode levar a consequências graves, como maior taxa de desemprego e problemas de saúde associados ao transtorno. Dada a magnitude do impacto, novas opções terapêuticas são essenciais para melhorar a qualidade de vida desses indivíduos e reduzir o ônus para suas famílias.

As abordagens de neuromodulação, tanto não invasivas quanto invasivas, têm mostrado potencial promissor no tratamento do TOC resistente e refratário. Técnicas não invasivas, como a EMT e a ETCC, oferecem métodos menos agressivos para regular a atividade do cérebro e podem ser utilizadas para casos resistentes. A EMT, por exemplo, tem demonstrado eficácia ao tratar regiões cerebrais específicas, embora ainda não esteja amplamente disponível e exija mais pesquisas para otimizar seus parâmetros de estimulação. A ETCC, por sua vez, está em fase de avaliação, com resultados variáveis que indicam a necessidade de mais estudos para confirmar sua eficácia.

Para casos severos e refratários, que representam menos de 1% dos portadores de TOC, procedimentos invasivos como a ECP e os procedimentos ablativos, como a radiocirurgia por raios gama, oferecem alternativas adicionais. A ECP tem se mostrado eficaz para uma parte significativa desses pacientes, com a vantagem de permitir ajustes na estimulação e ser menos invasiva do que técnicas ablativas tradicionais. A radiocirurgia por raios gama também pode ser uma opção eficaz. A escolha de técnicas invasivas deve ser feita com cautela, garantindo que todas as opções menos invasivas tenham sido exauridas e que o tratamento seja cuidadosamente monitorado para minimizar riscos e maximizar benefícios. A decisão de utilizar essas abordagens deve ser orientada por considerações éticas e de segurança, com planejamento e acompanhamento multidisciplinar para assegurar a melhor abordagem terapêutica a cada indivíduo.

Capítulo **12**

Depoimentos de pessoas com TOC e familiares

Daniel Lucas da Conceição **Costa**
Rose **Duarte**

Este capítulo apresenta uma série de depoimentos de pessoas com transtorno obsessivo-compulsivo (TOC) e seus familiares, que corajosamente compartilharam suas experiências mais íntimas e desafiadoras. Os relatos aqui contidos não apenas descrevem aspectos da natureza do TOC, mas também fornecem uma visão rica a respeito do impacto do transtorno sobre a rotina, as emoções, os sentimentos e os relacionamentos dessas pessoas. Cada testemunho é uma janela para a luta diária de conviver com as obsessões e compulsões, revelando a complexidade e a subjetividade que muitas vezes se perdem nas descrições clínicas.

Nosso objetivo é mais do que apenas narrar experiências; buscamos construir uma compreensão empática e abrangente sobre o TOC, enfatizando a importância de ouvir e reconhecer as vozes daqueles que vivem com o transtorno. Estes depoimentos são histórias não apenas de dificuldade, mas também de coragem e resiliência, oferecendo *insights* valiosos que podem orientar tanto profissionais da saúde quanto familiares e amigos.

Convidamos você, à medida que ler cada relato, a se abrir para a importância de uma abordagem compassiva e informada para o tratamento e o suporte do TOC. O que se segue é um retrato honesto e profundo das experiências vividas por aqueles que, mesmo no meio da turbulência, buscaram o conhecimento sobre si.

Relato 1

Antes eu desejasse e quisesse de fato me relacionar com homens, talvez, sem lugar de fala, ainda que com todos os desafios sociais que cercam essas pessoas, meu sofrimento mental fosse menor. Há poucos dias, assistindo à série *Bebê Rena*, da Netflix, encontrei elementos que dialogaram com as minhas obsessões. Para além da genética e do ambiente conflituoso e abusivo de minha casa, as inúmeras vezes em que fui abusado sexualmente me fizeram um adolescente confuso e inseguro, cheio de pensamentos intrusivos sobre sexualidade.

> Com um estilo de vida mais saudável, praticando exercícios físicos, com terapia e tratamento medicamentoso, consigo controlar e até suprimir as minhas obsessões e compulsões.

Hoje, enquanto homem adulto portador de TOC, quase casado e pai de um menino lindo, falar em cura é sempre bem estressante. Todas as vezes que, me sentindo livre das obsessões e compulsões, abandonei a terapia e o tratamento medicamentoso, meus sintomas pioraram. Isso é triste, mas, ao mesmo tempo, me encoraja (e muito), uma vez que, com um estilo de vida mais saudável, praticando exercícios físicos, com terapia e tratamento medicamentoso, consigo controlar e até suprimir as minhas obsessões e compulsões.

Relato 2

Tenho um filho que, até 2015-2016, era completamente normal em todos os sentidos. Alegre, amigo de todas as tribos, dizia sempre que me amava muito e era grudado comigo. Extremamente carinhoso e afável. Tinha 17 anos na época. Muito bom aluno, ainda tocava piano divinamente e fazia desenho artístico. Estudava em um colégio muito famoso.

Sou médica, portanto extremamente lúcida no contexto dos transtornos físicos e psíquicos. Então, aconteceu um problema bem esquisito com a gente, com meu filho tão amado. Estava numa loja e recebi um telefonema do colégio, dizendo que a coordenadora queria falar comigo. As notas do meu filho haviam caído muito e ele dormia na aula de determinado professor. Apesar de tudo, ele passou no vestibular, tendo sido aprovado para todas as faculdades que prestou, atingindo até segundo e quarto lugares, sempre em primeira lista. Acabou optando pela melhor faculdade da área que ele almejava.

Lembro que, no dia do vestibular da faculdade em que ele ingressou, cuja prova durava o dia todo, ele passou o dia sem beber água e sem ir ao banheiro, pois tinha nojo de qualquer banheiro que não fosse o seu próprio. Seu TOC era de limpeza e contaminação pelo vírus HIV. Ele me contou que, quando a borracha caía no chão durante a prova, lá ficava.

Quando notei a depressão, tirei a chave do seu quarto. Ele ficava algumas vezes estático, com os olhos vidrados olhando para o teto. Não tocava em maçanetas e portas, andava com as mãos elevadas para não tocar em nada. Tomava banhos de duas horas e fazia violentas lavagens de mão, que as deixavam em carne viva.

Liguei para uma amiga médica, dizendo que eu iria tratar a depressão do meu filho e algo mais que não sabia o que era (o TOC). Tudo começou, de verdade, quando meu filho deu uma esmola a um mendigo e, ao tocar na mão dele, achou que poderia ter se contaminado com HIV. Copos, pratos e talheres não podiam ter qualquer sujidade. Eu queria ser a médica dele. Sentia algum tipo de culpa, não sei. Sempre fui muito exigente na questão de estudos e compromissos. Era como se a moléstia psíquica fosse minha falha como mãe; logo, eu deveria curá-lo. Minha amiga médica me deu uma bronca e me disse: "Esta não é sua especialidade, procure um psiquiatra".

Com a primeira psiquiatra, não houve "liga", e meu filho estava muito angustiado com a situação, disse que não iria em nenhum médico mais. O segundo foi um completo desastre. Além de não conseguir tratá-lo, queria medicá-lo de forma radical com doses altas de antipsicóticos e remédios para transtorno de déficit de atenção/hiperatividade (TDAH). O de TDAH eu cheguei a dar por duas semanas, com grande piora: ele ficava 24 horas sem dormir, tocava piano a madrugada toda ou ficava sem comer, jogando videogame em estado hipnótico. Chegou a ter alucinações visuais.

Foi quando um amigo do meu pai indicou um psiquiatra especialista em TOC, que, por sua vez, indicou uma psicóloga especializada em terapia comportamental. O trabalho foi árduo e houve orientação familiar no sentido de como agir, pois todos estavam muito tristes e perdidos (não fazer os reasseguramentos). As medicações foram trocadas e as sessões de terapia cognitivo-comportamental (TCC) passaram a ser semanais, bem como as consultas médicas.

A melhora foi ocorrendo, no começo bem lentamente, depois fluiu de forma mais célere e progressiva. Meu filho voltou a frequentar as festas e os compromissos sociais. Ainda deixava suas roupas de casa separadas das dos demais, apresentava um ou outro aspecto do TOC. Mas estava de volta! Os banhos ficaram mais curtos e as lavagens de mãos estavam normais. Mesmo com a pandemia, não tinha mais tantos medos de contaminação e até teve uma namorada. Está trabalhando em uma empresa, com muito sucesso, elogios e promoção. Fez viagens para o exterior, inclusive para países onde os padrões de limpeza são bem abaixo do razoável. E segue brilhando. A única coisa que acho muito estranha é o distanciamento com a minha pessoa, isso me machuca demais, mas sigo as orientações dos profissionais.

As sessões de TCC seguem ainda semanais, mas as consultas com o psiquiatra são agora mensais. Sinto que do TOC ele está "curado", apesar de saber que é uma doença de altos e baixos, agudizações e remissões. Mas ver seu filho trabalhando com pujança, brilhando e inserido na sociedade novamente não tem preço. Amo muito filho e faria qualquer coisa no mundo para vê-lo sempre feliz.

A seguir segue uma poesia que eu fiz em um momento que estava sofrendo muito e não sabendo o que fazer para ajudar meu filho:

> "CHORO NULO"
> Já teve um choro nulo?
> Aquele que é rapidinho
> E rasga o peito todo
> dissecando sua aorta?
> A janela sorriu entreaberta
> O vento entrou e me tocou
> O choro foi pela janela
> ou dentro do criado-mudo.
> Choro que ninguém ouve
> e se ouve, finge ver TV.
> Choro que é um grito
> eu choro por mim e você
> é meu encarnado no seu.

▌ Relato 3

O TOC está presente na minha vida desde muito tempo. Tudo começou quando, com uns 6 anos, meu pai e minha mãe foram me buscar na escola para me levar a uma psicóloga. No caminho, disseram que, se eu gostasse, essa tal de terapia poderia me ajudar, isso porque as professoras comentaram que eu não me enturmava, não queria encostar nos meus coleguinhas, não gostava de me sujar e muito menos de brincar na areia do parquinho. Chegando ao consultório, sem saber exatamente o que estava acontecendo, minha mãe entrou na sala comigo e, junto com a psicóloga, passamos uma hora brincando com massinha, quebra-cabeças e outros jogos. Foi a partir desse dia que toda semana depois da aula meu pai passou a me levar ao consultório da psicóloga. Lembro que a primeira coisa que eu fazia chegando lá era usar o banheiro, porque eu não usava o da escola, tinha nojo, en-

> Passei uns dois anos indo lá, até que eu, a psicóloga e meus pais não sentimos mais a necessidade e que o TOC – que agora tinha nome e sobrenome – não era mais uma questão.

tão, mesmo estudando em tempo integral, o único momento que me permitia fazer xixi era em casa ou em outro lugar "limpo". Passei uns dois anos indo lá, até que eu, a psicóloga e meus pais não sentimos mais a necessidade e que o TOC – que agora tinha nome e sobrenome – não era mais uma questão.

Foram anos mais tranquilos depois disso, mal consigo lembrar do TOC presente na minha vida, mas pouco tempo depois entrei na fase do medo de dormir sozinha, medo até da sombra, então voltei a me consultar com a psicóloga. Mesmo já a conhecendo, não me sentia mais confortável, não via necessidade, não me ajudava em nada ir lá, mas, quando eu pensei que pararia com as sessões, minha vida virou de ponta-cabeça. Em 2016, mudei de escola, saí de onde havia estudado minha vida toda, ao mesmo tempo que meus pais se divorciaram.

Continuei mais um tempo na terapia, mas realmente não me sentia mais confortável, então parei. Não é porque eu parei de me consultar que o TOC não se fazia presente, muito pelo contrário, foi nessa época que o meu maior problema veio à tona: lavar as mãos. Não tinha somente esse sintoma, mas era o que me causava mais sofrimento, por conta dos machucados e do tempo que eu gastava com isso.

Sentia sempre uma necessidade de estar com as mãos limpas, então passava muito tempo lavando-as. Nessa nova escola, o banheiro tinha protetor de assentos, então fazer xixi não era mais uma questão, mas, em seguida, eu passava minutos lavando as mãos. Foi assim por muito tempo, sempre lavando as mãos depois do almoço, pois tinha que estar com elas limpas para encostar no meu material, lavando as mãos depois do intervalo, pelo mesmo motivo, e não gostava de emprestar meus materiais, pois não sabia se as mãos dos meus colegas estavam limpas, o que fez eu ser vista como "antipática" e "mimada".

Em 2018, voltei para a terapia, dessa vez com outra profissional. Além do TOC, as questões com o divórcio dos meus pais não eram fáceis, e a ansiedade tinha me consumido. Nos dias em que tinha um compromisso às 13h, por exemplo, ficava ansiosa desde o momento que acordava, sem conseguir fazer nada, apenas esperando a hora chegar. Gostava de fazer terapia, foi quando realmente comecei a conversar e tratar dos meus problemas mesmo, pois, até então, terapia para mim era passar uma hora em um consultório fazendo quebra-cabeças. Passei a gostar muito da minha nova terapeuta, pois começamos a entrar em questões além do que estava passando e, de repente, eu já não ficava ansiosa no dia em que mudava o mapa de sala, com medo de quem sentaria perto de mim, mas a questão de lavar as mãos nunca passou, por vezes amenizou, mas nunca foi embora.

Chegamos em 2020, pandemia, aí a coisa ficou complicada. Aulas *on-line*, desconhecimento do futuro, ansiedade no máximo, convivência em casa. Esse período foi com certeza o mais difícil com relação ao TOC. Sentia a necessidade de lavar minhas mãos quase sempre, pois não mexia nos materiais da escola com as mãos "sujas", então, entre uma aula e outra, sempre as lavava. Além dos meus materiais da escola, minha cama era um "ambiente de limpeza", por isso, nada sujo encostava nela e, portanto, quando mexia no celular antes de dormir, não o encostava na cama e, depois de mexer, o deixava na cabeceira e corria para lavar as mãos, para que pudesse encostá-las na cama. Foi assim que ficaram claros os momentos em que eu evitava fazer determinadas tarefas que sabia que me fariam lavar as mãos depois. Todo esse ritual fazia com que as minhas mãos ficassem ásperas, mas na pandemia vi elas sangrarem. Ao longo dos anos, a melhor maneira que encontrei para explicar como eu lavo as mãos é que é como um médico prestes a realizar uma cirurgia, ou até por mais tempo – já passei mais de 10 minutos lavando as mãos repetitivamente.

Apesar de essa ser minha maior questão com o TOC, não posso deixar de citar a necessidade de checar as coisas repetidamente, com vontade de conferir e duvidando do que eu fiz. Lembro que, por anos, antes de dormir, checava se a porta do banheiro estava fechada, depois os armários, a janela, e, por fim, se a cama estava bem encostada na parede. Fazia isso todos os dias, sem exceção, fosse na casa da minha mãe ou do meu pai. E além de chato – para dizer o mínimo –, muitas vezes esse processo de checagem me fez atrasar para diversos compromissos.

Foi no final de 2021 que as coisas começaram a melhorar, mas não o suficiente para as minhas mãos não ficarem rachadas. Foi em 2022 que mais um transtorno se juntou ao TOC e à ansiedade: a depressão. Não preciso nem citar o quão complicado foi passar pelo primeiro semestre do terceiro ano do ensino médio deprimida. O que me fez passar por um segundo semestre melhor foi a medicação. Já era discutida a ideia de começar a tomar antidepressivos ainda mesmo em 2021, para ajudar com o TOC, mas em 2022 se tornou indispensável. Foi aí que eu conheci a medicação, pois, além da terapia, comecei a me consultar com a minha psiquiatra, que me passou uma dose baixa do medicamento, que foi suficiente para me tirar da depressão. Um tempo depois, em setembro do mesmo ano, comecei a namorar uma menina, mas logo a mãe dela descobriu e fez de tudo para nos afastar. Passamos meses conversando pelo *chat* do *e-mail*, com *dates* na padaria ao lado da escola e nos vendo por poucos minutos fora do colégio. Conversando com a minha psiquiatra, sentimos a necessidade de aumentar a dose da medicação.

Foi em 2023 que eu deixei transparecer para a minha mãe o quanto o TOC atrapalhava a minha vida – não que ela já não soubesse, já que, depois de presenciar o quão ruim as minhas mãos estavam na pandemia, ela buscou uma psicóloga especializada, a qual, na primeira sessão, pediu para que eu me gravasse lavando as mãos. Eu não entendi essa abordagem e, sinceramente, achei até um pouco cômico. Foi a primeira e última consulta. Ano passado minha mãe entrou em contato com um psiquiatra especialista em TOC. Na minha primeira conversa com ele, contei toda essa história e então ele me explicou que, para o tratamento do TOC, é utilizada uma dose maior de medicamento – então aumentamos a dose. Um tempo depois, na segunda consulta, conversamos mais um pouco e aumentamos a dose para 150 mg, pois, além dos sintomas anteriores, comecei a contar o que eu fazia, sem nem mesmo perceber. Então, quando reparava, já tinha contado mentalmente até 25, por exemplo, sendo esse o número de passos que dei ao sair da escada do metrô até o ponto em que eu me encontrava, ou a quantidade de vezes que escovei os dentes do lado direito com a escova. Enfim, aumentamos a dose. Por fim, na nossa última consulta, decidimos continuar com a mesma dosagem; eu já não contava mais as coisas repetitivamente, a checagem já não era mais perceptível e não tinha mais mãos rachadas por conta do "frio" ou de "alergias".

Ano passado, organizando meu quarto, encontrei uma pasta antiga com desenhos e atividades, entre as quais uma atividade para que desenhasse um medo que tinha superado. Esperando encontrar um medo de criança como o medo de aranhas ou do escuro, me deparei com o medo de encostar em pessoas. Foi muito emocionante relembrar isso, relembrar que o TOC desde sempre afetou minha vida. Embora seja triste o fato de ser este o meu medo na época, é muito feliz pensar que ele foi superado, junto com muitos outros que vieram depois por conta do TOC.

Nesse mesmo período, já com o transtorno "domado", comecei a namorar um menino, e, com o passar do tempo e da convivência, percebi que ele carregava o mesmo transtorno que eu. Me identifiquei nos momentos de checagem e repetição e com as desculpas dadas para esses comportamentos. Terminamos o relacionamento antes que eu pudesse tocar no assunto para que ele, assim como eu, pudesse buscar tratamento. Mas foi quando percebi que foram muitos anos convivendo com o TOC, querendo entender o que era, suas causas, possíveis tratamentos, e tudo isso porque eu tive o apoio dos meus pais, amigos, amigas e profissionais, mas que não são todos que têm essa oportunidade.

> **Foi ao longo dos anos que não só aprendi a lidar com o TOC, mas entendi como ele me prejudicava.**

Foi ao longo dos anos que não só aprendi a lidar com o TOC, mas entendi como ele me prejudicava. Digo isso porque foi nesse ano que me dei conta de que os atrasos frequentes, a demora no banho e a atenção demasiada a detalhes insignificantes eram manifestações desse transtorno. Além de tudo isso, tem um pouco mais de dois anos que admiti para mim mesma que o fato de o meu pai ter TOC me impactou muito, pois, além de ser um transtorno que pode ser genético, eu convivi e ainda convivo com uma pessoa com esse transtorno, o que significa que, em casa, muitas vezes, tinha como normal aquilo que era parte do transtorno.

Essa é a minha história com o TOC, de maneira muito resumida. Apesar de não conseguir a total compreensão das pessoas à minha volta, muito por conta da ignorância, tenho muito a agradecer a alguns, em especial à minha melhor amiga. Depois de explicar a ela sobre o TOC e as suas formas de manifestação, ela não só deixou de me apressar para lavar as mãos, como, em momentos que tenho atitudes "diferentes", a primeira coisa que ela faz é perguntar se isso sou eu sendo chata ou é uma manifestação do TOC – se for o segundo caso, ela aceita e entende, sem fazer com que eu me sinta desconfortável. No mais, eu não estou curada, mas não tenho dúvidas da minha melhora.

▌ Relato 4

O meu diagnóstico começou a ficar mais claro após o nascimento do meu filho. Comecei a ter pensamentos intrusivos sobre abusar sexualmente dele, algo que sempre me causou uma profunda repulsa. Nunca me senti atraído por crianças, nem mesmo por pessoas do mesmo sexo que eu, mas o fato de esses pensamentos surgirem fez com que eu me pegasse questionando se seria possível que, no fundo, existisse uma versão diferente de mim, que por algum motivo eu havia sempre reprimido e que agora estava tentando vir à tona, tomando formas horrendas que fugiam ao meu controle. Depois, também fui tomado de assalto por pensamentos de conteúdo violento, que consistiam em machucar aqueles que eu mais amo na vida: meu filho e minha esposa. Acho importante também acrescentar que nunca me envolvi em uma briga na minha vida, e nunca agredi fisicamente outro ser humano, mesmo nos meus momentos de maior destempero.

É claro que, após alguns segundos, ficava claro que tudo era uma bobagem e que os meus valores morais não haviam mudado por conta de um pensamento indesejado. No entanto, como aprendi depois na terapia, o mero fato de me questionar a respeito desses assuntos já é algo desconfortável, pois acabo por dar uma importância excessiva a assuntos que não merecem mais do que um nanossegundo de minha atenção.

Já tinha uma certa experiência em como lidar com quadros de ansiedade, já havia feito uso de medicação sob prescrição médica, bem como medicação para um período de insônia que me atormentou no final de minha segunda residência médica. Mas os meus pensamentos nunca pareciam ter um tema muito definido e se caracterizavam muito mais por um "medo de ter medo", por um medo de que um transtorno de ansiedade pudesse significar o fim de tudo que eu havia conquistado até então e me deixasse inválido para fazer o trabalho que amo e para proteger aqueles a quem amo. Talvez meus pensamentos intrusivos tenham tomado forma por eu ter descoberto um amor que até então eu nunca havia vivenciado: o amor de um pai por um filho.

Resolvi voltar para a terapia. Inicialmente, antes de ter o diagnóstico fechado, procurei uma psicanalista, o que se mostrou bastante contraprodutivo. Além de ter todos os meus preconceitos sobre psicanálise reafirmados, eu acabei por receber conselhos que hoje sei que são errados, dentro do contexto de um paciente com TOC (p. ex., "não há regra de como você precisa agir, se você for se sentir mais seguro, pode tirar todas as facas da cozinha por um tempo"). Tive a sorte de encontrar, por indicação de um amigo psiquiatra, uma terapeuta incrivelmente talentosa, que se mostrou uma excelente ouvinte sempre que eu precisei e uma conselheira firme nos momentos em que eu pensava saber mais do que ela própria sobre o que eu tinha que fazer para conduzir o meu tratamento.

Não posso deixar de citar também o meu psiquiatra, que fechou meu diagnóstico e me receitou a medicação correta considerando os meus sintomas. Ainda que o benefício da medicação seja inegável, eu tive um efeito colateral que era bastante incômodo, uma espécie de apatia, e, em conjunto com minha psicóloga e com meu psiquiatra, optei por parar de usar a medicação.

O tratamento para o TOC é contraintuitivo, mas suas bases são bastante simples. Basicamente, quando se tem um pensamento intrusivo que dispara um impulso para que um ritual de confirmação se inicie, o que se precisa fazer é tolerar o desconforto, aceitar a sua ansiedade e não fazer nada. No meu caso, todos os rituais eram mentais, e meu quadro, segundo a psicóloga, é leve-moderado, uma vez que eu basicamente não tinha comportamentos evitativos, nem disfuncionalidade. No entanto, ignorar esses pensamentos e simplesmente aceitar o desconforto é uma das coisas mais difíceis que se pode pedir a um paciente que sofre com TOC.

No momento das minhas exposições, que não eram programadas e consistiam apenas em continuar com as minhas atividades diárias como pai e marido, eu podia sentir o pensamento se formando na minha mente. Podia sentir a ansiedade e o desconforto começarem, primeiro como um sussurro, depois como um ruído e depois quase como um alarme, em uma crescente que parecia me dizer: "saia daí, pare o que você está fazendo e dê atenção a estes pensamentos, isso tudo parece perigoso". No entanto, algo surpreendente acontece quando você decide por não dar ouvidos a esse alarme e simplesmente não fazer nada. E é neste ponto, quando tento explicar o que acontece, que as palavras me parecem insuficientes. O que posso dizer é que você, que continua a conviver com o TOC como uma parte importante da sua vida, precisa confiar naquele que está escrevendo estas palavras: a exposição funciona. Isso ocorre para a grande maioria dos pacientes que ousa sair de sua zona de conforto e aceita se expor. Não consigo explicar o que acontece, mas algo vai mudando na sua cabeça e, aos poucos, após vivenciar a mesma situação várias vezes, aquele pensamento que costumava lhe tirar o sono passa a não assustá-lo com a mesma intensidade, e a ansiedade, quase como um milagre, vai desaparecendo aos poucos.

Isso não quer dizer que o tratamento para o TOC seja uma linha reta e que tudo isso tenha um curso matemático, sem estar sujeito a alguns reveses pelo caminho. Houve dias ruins que se sucederam, sem explicação aparente, a dias muito bons. Tudo isso é comum no decorrer do tratamento. Após cerca de oito meses de terapia, minhas sessões, que eram semanais, viraram quinzenais, depois mensais, e hoje não tenho uma nova sessão agendada, pois minha psicóloga disse que eu aprendi a lidar com esses pensamentos. Isso é diferente de dizer que todos os pensamentos desapareceram, ainda que tenham, com o tempo, ficado menos frequentes. Esse treinamento é um dos mais importantes que realizei durante toda a minha vida, pois me permite entender que o problema real não são os pensamentos, uma vez que estes são inegociáveis e inevitáveis, mas sim a atitude que tomo diante deles.

Gostaria de encerrar este relato com a frase de um psicólogo austríaco chamado Viktor Frankl, cujo livro *Em busca de sentido* mudou minha vida: "Tudo pode ser tirado de um homem, exceto uma coisa: a última das liberdades humanas – o poder de tomar qualquer atitude independentemente das circunstâncias, de escolher o seu próprio caminho" (tradução livre). Sei que não podemos controlar como estaremos nos sentindo, nem nossas circunstâncias. No entanto, o que sempre podemos escolher é o que faremos a respeito. Aceitar que um pensamento é apenas um pensamento e você pode simplesmente ignorá-lo talvez seja a atitude mais libertadora que qualquer um possa tomar. Portanto, procure ajuda: a vida é muito mais bela do que muitos se permitem acreditar.

> Sei que não podemos controlar como estaremos nos sentindo, nem nossas circunstâncias. No entanto, o que sempre podemos escolher é o que faremos a respeito.

▌ Relato 5

A pandemia mudou minha vida. Na verdade, mudou a vida de muitos. Mas, para mim, mudou tudo completamente. Foi quando começou. Eu não sei o momento exato em que eu passei a lavar as mãos com mais frequência e por mais tempo.

Não sei também quando comecei a limpar o celular excessivamente ou quando passei a tomar banho toda vez que pisava para fora de casa. Em alguns casos, até fora do quarto.

Entender o TOC é crucial para superar o transtorno. Mas é muito difícil entender algo que nem sabe que se tem. Ou que nem aceita que se tem. Talvez nem reconheça que se tem.

Esse foi meu processo. Ainda está sendo.

O pontapé inicial foi a covid-19. O início de uma pandemia me fez redobrar os cuidados básicos. Tudo o que os médicos falavam, eu fazia. Lavar as mãos de tal jeito e por tanto tempo. Tomar banho assim que chegar em casa. Colocar a roupa sempre para lavar. Limpar tudo que vem da rua.

Com a evolução dos estudos, a melhora da pandemia e as novas medidas, as orientações já não faziam mais sentido, mas eu não conseguia mais parar. Falam que o TOC pode estar relacionado com alguma experiência traumática. Com certeza, a pandemia faz parte desse meu trauma. Mas ela não é tudo.

No início de 2020, meu avô ficou doente e teve que ser internado. Não tinha nada a ver com a covid. Ele teve câncer no intestino muitos anos antes e, por conta disso, seu sistema gastrintestinal não funcionava tão bem. Assim, do nada, ele comeu uma fruta que, por conta das sementes, causou uma obstrução e fez com que ele fosse internado. Depois entubado. Aí o vômito foi para os pulmões. Enfim, sem dar muitos detalhes – até porque eu nem sei muitos detalhes. Eu acho que bloqueei muita coisa na minha mente só para não sofrer. Mas não demorou muito e ele faleceu.

Não teve nada a ver com a pandemia, mas foi durante ela. Durante um período que tínhamos mais de mil mortes por dia. Durante um período que eu via multidões em luto por familiares falecendo do nada. E, assim, de uma hora para outra, eu estava entre essas famílias. Do nada, eu também estava vivendo um luto repentino. Além do choque por ter sido de uma forma muito inesperada e rápida, eu nunca tinha passado por nada assim antes. Já perdi pessoas, mas ninguém como o meu avô. E eu não tinha 19 anos quando essas outras situações aconteceram. Eu não sabia, não entendia e não sentia tudo.

> Com o passar do tempo, fui aprendendo e reconhecendo. Hoje, mesmo não estando 100%, me sinto melhor do que em 2020 e 2021. Mas entender que isso é um processo e que cada um possui o seu próprio caminho e seu próprio tempo de superação é essencial.

Isso me mudou completamente. E foi aí que começou.

Com o passar do tempo, fui aprendendo e reconhecendo. Hoje, mesmo não estando 100%, me sinto melhor do que em 2020 e 2021. Mas entender que isso é um processo e que cada um possui o seu próprio caminho e seu próprio tempo de superação é essencial. As trocas com outros – sejam psicólogos, psiquiatras, amigos, familiares ou pacientes – e o autoconhecimento também são cruciais.

Relato 6

Desde quando era criança, eu já sentia algumas manifestações de ansiedade, mas na época não fazia ideia do que poderia ser. Eram sensações como boca seca, enjoo, vontade de desaparecer e achar um lugar em que eu me sentiria confortável em estar. Sensações de medo sobre o que as pessoas falariam caso me vissem ansioso e pensamentos de "caso eu passe mal aqui, todos falarão mal de mim" eram muito comuns depois de uma certa idade. Além disso, outros sintomas comuns que sentia era de contar as coisas, como: grades de casas, botões de elevadores, contar até um certo número olhando para algum lugar; caso não o fizesse, o pensamento de "algo de ruim vai acontecer" já vinha automaticamente. A rotina de organizar objetos ou tocá-los com certa mão, em certa posição, me custava muito tempo, e uma simples tarefa, como colocar a roupa, por exemplo, se tornava algo cansativo e desgastante. Na minha cabeça, o processo era: colocar a roupa e tirar por um número específico de vezes, sendo elas todas sem interrupções, pois, caso acontecesse alguma interrupção, teria que começar o processo todo desde o começo. Com o tempo, meus pais foram percebendo que algo não estava certo; notas baixas, demora em afazeres, raiva excessiva, cadernos rabiscados, isso tudo viria a fazer parte da minha rotina, mas foi na pré-adolescência que tudo foi de mal a pior.

Um dia, na escola, na hora do intervalo, eu estava comendo um lanche e conversando com uns amigos, até que um deles começou a comer de boca aberta na minha frente, mastigando a comida para todos verem e darem risada, porém eu me senti muito enjoado e com ânsia de vômito na hora, parei de comer imediatamente e saí correndo para a enfermaria da escola, pensando "não posso passar mal aqui". Chegando na enfermaria, fui colocado em uma cadeira onde

> A rotina de organizar objetos ou tocá-los com certa mão, em certa posição, me custava muito tempo, e uma simples tarefa, como colocar a roupa, por exemplo, se tornava algo cansativo e desgastante. Na minha cabeça, o processo era: colocar a roupa e tirar por um número específico de vezes, sendo elas todas sem interrupções, pois, caso acontecesse alguma interrupção, teria que começar o processo todo desde o começo.

fiquei sentado, com os olhos fechados, me concentrando para não vomitar; quando eu abria os olhos e via outros alunos na enfermaria, as sensações de ânsia e enjoo pioravam muito, até que foi decidido ligar para minha mãe ir me buscar. E foi a partir daí que eu fiquei muito confuso: estava passando muito mal na escola, mas, na hora em que eu entrei no carro, toda a sensação ruim foi embora, como se eu tivesse melhorado instantaneamente. Chegando em casa, tive que fingir para minha mãe que ainda estava mal, pois tinha medo de ela achar que eu estava mentindo para sair da escola, mas esse momento de alívio logo acabou no dia seguinte.

Cheguei na escola, me sentindo normal, com disposição, mas, na hora em que pisei na escola, aquela sensação de mal-estar veio de novo, de repente. Era uma luta muito grande para me manter na escola, porém não conseguia comer no intervalo, pois sentia a sensação de que poderia vomitar a qualquer momento. O ano escolar já estava no fim, então pude me "livrar" desse sofrimento com a chegada das férias, pelas quais passei sem nenhum problema.

No ano seguinte, um dia antes do primeiro dia de aula, para ser exato, senti novamente sintomas de enjoo e ansiedade – e você já deve imaginar o que aconteceu no dia seguinte. Levantei-me já com sudorese, boca seca e ânsia de vômito, falei para meus pais que não queria ir, pois estava me sentindo mal, e assim aconteceu. No dia seguinte, a mesma coisa; e no seguinte, novamente, até que meus pais começaram a ficar tensos com a situação, me levando até a escola, mesmo que eu estivesse com as sensações ruins. Estando lá, não conseguia ficar em sala de aula, me sentava isolado em uma escada, onde me sentia mais seguro, depois passei a ficar na secretaria, e isso foi se repetindo dia após dia. Com o tempo, passei a ter medo de passar mal e comer em outros lugares além da escola, então evitava sair e comer fora de casa. Sinceramente, só ia para a escola porque era obrigado.

Meus pais, preocupados com a situação, decidiram me levar ao médico neurologista. Lá, foram feitos exames e qualquer problema neurológico foi descartado. Minha mãe indagou o médico dizendo "Mas ele não consegue comer fora de casa, porque passa mal", e o médico então disse que isso era para ser tratado na psiquiatria infantil – e lá fomos nós.

Na psiquiatria, contei toda minha história e fui diagnosticado com TOC. Foram receitados remédios e indicado um psicólogo – foi algo que realmente deu certo. Acabei me mudando de escola, o que, embora eu pensasse que fosse piorar minha ansiedade, melhorou. Na escola nova, me sentia melhor e mais acolhido, e passei dois anos muito bons lá, até que os sintomas voltaram no final de um dos anos, e no ano seguinte aconteceu tudo de novo.

Cheguei a ficar um ano fora da escola, pois todos os dias tentava ir, chegava até a frente, sentia ânsia de vômito e voltava para casa. Decidimos então mudar de médico e terapeuta; passei por muitos psicólogos que me ajudaram a enfrentar os meus medos e, com a ajuda desses profissionais, acabei melhorando, voltando à escola e retomando minhas atividades, com os sintomas do TOC muito menores. Voltei a conseguir ir para lugares que tinha medo e passei a conhecer lugares novos, o que antes também era um problema. Até hoje tenho alguns altos e baixos, sintomas que vêm e vão, e passei por experiências que me causaram gatilhos, criando novos sintomas ou voltantando com os sintomas antigos. Um dos sintomas contra o qual luto hoje é o medo de vomitar ou de passar mal, medo de sentir a sensação de enjoo, mas, com ajuda e entendendo melhor o problema, eu consigo enfrentá-lo muito melhor. Posso garantir que enfrentar a situação da qual se tem medo e procurar ajuda fazem a diferença em casos como esse. Hoje consigo seguir uma vida normal, enfrentando meus medos e conseguindo realizar normalmente atividades.

Hoje curso faculdade de psicologia, e um dos meus maiores objetivos na vida é ajudar pessoas que tenham esse mesmo problema, pois pode ter certeza de que sei como é ruim tê-lo e acho que ninguém merece passar por isso.

Relato 7

Comecei a manifestar os sintomas do TOC por volta dos 20 anos. Hoje tenho 46, sou professor universitário e tenho duas filhas. O meu TOC se materializou na forma de uma hipervigilância corporal. Eu presto atenção em quantas vezes eu pisco, presto atenção na minha respiração, presto atenção na forma como eu caminho, já prestei atenção na salivação, nas batidas do meu coração... o inventário dos sintomas é tão elástico quanto a imaginação permitir.

Hoje eu entendo que eles aparecem como forma de desviar o meu pensamento de medos profundos (o lado "obsessão" do TOC). Esses medos são variados e, quando se impõem, me colocam em estado de ansiedade. Já tive diversos episódios de pânico, que felizmente são cada vez mais raros. No meu caso, os medos são preocupações em relação a ficar sozinho, a viagens, a questões ligadas à sexualidade, ao temor de ficar doente, de enlouquecer, de perder o emprego ou "não dar conta" diante da situação obsessivo-compulsiva. O medo de que o TOC piore e que essa piora se estabeleça de forma permanente também é um temor recorrente.

> O meu TOC se materializou na forma de uma hipervigilância corporal. Eu presto atenção em quantas vezes eu pisco, presto atenção na minha respiração, presto atenção na forma como eu caminho, já prestei atenção na salivação, nas batidas do meu coração... o inventário dos sintomas é tão elástico quanto a imaginação permitir.

Eu demorei a conseguir um tratamento adequado. Fiz terapia desde que os sintomas apareceram – e mesmo antes, pois tive um episódio depressivo na adolescência. Mas, na parte medicamentosa, eu passei os primeiros três ou quatro anos tentando tratar com homeopatia por indicação da minha mãe, que tinha bastante reserva para que eu recorresse a um tratamento alopático. Hoje eu reconheço que isso fez mal, porque possivelmente ajudou a cronificar os sintomas. Há mais de 20 anos tomo medicação e não me arrependo. No meu caso, são poucos ou nulos os efeitos colaterais. Se for necessário seguir com os remédios até o fim da vida, assim será.

A primeira terapia mais efetiva pela qual eu passei, por cerca de sete anos, foi uma terapia winnicotiana, de divã clássico, que me ajudou a trabalhar as questões familiares de uma forma importante. Acho que o central foi uma decisão, ainda não muito consciente, de viver junto com esses sintomas. Isso tem sido uma atitude que se intensificou ao longo dos anos. Os sintomas são aversivos, sobretudo nos momentos de ansiedade. Mas a vontade de viver a vida com a maior plenitude possível tem sido mais forte.

Depois da terapia winnicotiana, fui para a linha cognitivo-comportamental, primeiro com uma terapia de aceitação e compromisso (ACT), que me ajudou a entender que eu levaria esses sintomas como parte de quem eu sou. Fui entendendo que trabalhar a aceitação nessa escala também de alguma forma faz com que os sintomas diminuam e que a gente consiga seguir a vida junto com eles.

Essa terapia, que durou também cerca de sete a oito anos, foi muito importante, mas acho que em algum momento se esgotou. Eu tive duas crises na pandemia e precisei buscar uma nova alternativa. Minha esposa na época, hoje ex, me sugeriu outra linha terapêutica, que é a que sigo até agora: exposição e prevenção de resposta (EPR), que consiste em você basicamente enfrentar os desafios que você teme, entrando em contato, às vezes de forma gradual, com seus medos.

Exemplificando com o temor das viagens, entendo que a EPR consiste em me expor às viagens, "levar junto" a ansiedade e os eventuais sintomas decorrentes, lançando mão das variadas estratégias para lidar com a situação: foco no momento presente, envolvimento em atividades significativas, defusão cognitiva,* imaginar e registrar o pior cenário possível.

Cada uma das ferramentas dessa "caixa" veio da leitura de obras que dialogassem com minha condição e, sobretudo, pelo acesso a ótimos profissionais, algo que

---

* *Defusão cognitiva* constitui-se em uma técnica utilizada para ajudar os indivíduos a se distanciarem de seus pensamentos e emoções negativas, percebendo-os como eventos passageiros e não como verdades absolutas. Um exemplo seria elaborar mentalmente algo como "estou pensando que estou com receio de adoecer longe de casa, mas isso não necessariamente ocorrerá".

infelizmente é restrito – saúde mental de qualidade custa caro. A cada uma dessas pessoas, registro minha mais profunda gratidão pela parceria na caminhada.

Caminhada em que, penso, o grande objetivo é entender – mais do que entender, sentir – que eu não sou meus pensamentos. Eles são úteis até certo ponto, são fundamentais para a resolução de problemas práticos. Mas há certos momentos em que eles começam a causar problemas. Uma frase importante para mim é: não adicione sofrimento ao sofrimento. Então acredito que essa lembrança de que os pensamentos passam, mas não me definem, vai nessa linha.

Nem sempre é fácil e nem sempre funciona. Ainda recorro ao terapeuta ou a pessoas de confiança em busca de reasseguramento ("Tem certeza de que não vou enlouquecer?"). Tenho buscado entender que essa é, em alguma medida, uma condição crônica que vai me acompanhar talvez até o fim da vida, mas que não necessariamente precisa tirar a graça de viver. Talvez diminua o brilho da vida em alguns momentos, mas assim são as coisas. Aceitar isso é um trabalho ainda em progresso.

Acredito que hoje estou em um momento bom em relação à sintomatologia do TOC. Meu terapeuta inclusive pediu licença – brincando, mas também falando sério – para mudar minha CID de transtorno obsessivo-compulsivo para transtorno de ansiedade generalizada. Tive e tenho medo, tive e tenho hipervigilância corporal. Mas, nesse meio-tempo – se é que dá para chamar mais de 20 anos de "meio-tempo" –, tive duas filhas, fiz mestrado e doutorado, trabalhei com pessoas interessantes em funções interessantes, passei em um concurso público na instituição em que sempre sonhei. Tenho sonhos e vontade de viver. Passei por desafios, dois deles muito significativos: a morte de meu pai por câncer e o fim do meu casamento de 18 anos. Sofri bastante, mas em nenhum dos dois momentos me desestruturei como temia. De alguma forma, consegui não adicionar sofrimento ao sofrimento.

Estou em uma fase de manutenção na terapia, com sessões a cada 15 dias. Quanto ao remédio, ainda tenho a ambição de, em algum momento, retirá-lo. Fiz isso duas vezes e tive recaídas. Reconheço o papel essencial do medicamento para me conferir alguma serenidade para enfrentar os desafios. Como disse: se tiver de seguir com ele indefinidamente, seguirei.

Tudo isso é importante, mas o que mudou o jogo foi a disposição em me lançar à vida. O TOC trabalha aumentando os medos e impondo condições cada vez mais restritivas entre o indiví-

> Tudo isso é importante [terapia e medicação], mas o que mudou o jogo foi a disposição em me lançar à vida.

duo e seus desejos e sonhos. A vivência das situações ansiogênicas vai ajudando a diminuir essas barreiras.

Não tem *glamour* nem mágica: desde que os sintomas se instalaram, não teve um dia em que eu me vi livre deles. Mas eu acho que é crescente a sensação de que eles atrapalham menos a minha vida, não impedem que eu vá atrás dos meus valores e das experiências que são significativas para mim. Tenho tentado pensar nessa condição como parte de mim, mas que não me define. Ou que me define junto com um feixe de outras características: sou pai, filho, professor, tenho tais e tais preferências ideológicas, gostos, tento controlar o colesterol alto... e vivo com TOC.

Considerações finais

Os depoimentos apresentados neste capítulo ilustram a diversidade de apresentações do quadro clínico de TOC, com sintomas que variam significativamente de pessoa para pessoa, abrangendo desde obsessões específicas até compulsões complexas. Muitos dos sintomas permaneceram ocultos por anos, devido ao estigma ou à dificuldade de reconhecer a gravidade dos comportamentos, o que frequentemente atrasou a busca por tratamento. Como relatado, a interferência do TOC na vida cotidiana foi intensa, comprometendo atividades simples e relações pessoais. No entanto, mesmo diante dos desafios e dificuldades enfrentados durante o tratamento, os relatos demonstram que é possível alcançar melhora substancial e resgatar a qualidade de vida por meio de intervenções adequadas e muita persistência. A ajuda de profissionais especializados foi crucial para essa evolução favorável, com destaque para a importância da capacitação de profissionais no manejo do TOC.

Agradecemos às pessoas com TOC que nos ensinam e nos desafiam diariamente a mandermo-nos atualizados e a encontrarmos formas de ajudá-las de maneira mais eficaz.

Capítulo **13**

Onde procurar ajuda profissional?

Juliana Belo **Diniz**
Monicke O. **Lima**
Kátia Guimarães **Benigno**
Vanessa **Ramos**
Amanda Kato **Utiyama**
Daniel Lucas da Conceição **Costa**

Existem tratamentos tanto medicamentosos quanto psicológicos para o transtorno obsessivo-compulsivo (TOC). Como já vimos no Capítulo 7, o tratamento do TOC inclui psicoeducação, orientação e uso de fármacos que podem amenizar o sofrimento relacionado aos sintomas, reduzir o incômodo associado aos pensamentos obsessivos e diminuir a sensação de urgência na realização de rituais. Em casos de maior gravidade e ausência de melhora com as formas mais convencionais de tratamento, o acompanhamento médico do TOC pode incluir alternativas de neuromodulação e cirurgia (ver Capítulo 11).

Em relação às psicoterapias para o TOC, conforme abordamos nos Capítulos 8 e 9, existem diversas vertentes, muitas das quais oferecem alternativas de tratamento que podem ajudar com o sofrimento relacionado aos sintomas. Como mencionamos anteriormente, as terapias do tipo comportamental e cognitivo-comportamental oferecem intervenções específicas que visam à redução da frequência e da intensidade dos sintomas do TOC. Elas podem ser aplicadas individualmente, em grupo ou em esquemas intensivos, que podem ou não envolver internação hospitalar. Outras formas de terapia não são tão específicas quanto ao seu efeito direcionado para a redução dos sintomas do TOC; no entanto, muitas podem ajudar com outros aspectos da vida, como aqueles que envolvem as relações com outras pessoas e a conciliação entre as expectativas e as possibilidades de cada trajetória de vida.

Entre as especialidades médicas, a psiquiatria é a mais indicada para o tratamento do TOC. No entanto, em regiões nas quais o acesso aos psiquiatras é difícil,

> A escolha de quais tratamentos será melhor seguir é feita individualmente e inclui decisões compartilhadas entre pacientes, familiares (quando for o caso) e profissionais de saúde. Essa decisão deve levar em conta o que causa mais sofrimento para o paciente, as preferências pessoais por uma ou outra forma de tratamento, a disponibilidade das diversas formas de intervenção e o histórico de melhora com tratamentos anteriores.

o tratamento também pode ser acompanhado por médicos de outras especialidades, como, por exemplo, os médicos de família.

A escolha de quais tratamentos será melhor seguir é feita individualmente e inclui decisões compartilhadas entre pacientes, familiares (quando for o caso) e profissionais de saúde. Essa decisão deve levar em conta o que causa mais sofrimento para o paciente, as preferências pessoais por uma ou outra forma de tratamento, a disponibilidade das diversas formas de intervenção e o histórico de melhora com tratamentos anteriores.

No nosso meio, os tratamentos medicamentoso e psicológico do TOC são oferecidos tanto na rede pública quanto nas redes privadas de saúde. Contudo, os centros especializados no tratamento do TOC que disponibilizam tratamentos mais específicos – como protocolos intensivos de terapia comportamental, neuromodulação ou cirurgia – são frequentemente vinculados aos centros de pesquisa universitários.

A seguir, respondemos algumas dúvidas comuns relacionadas à busca por ajuda profissional.

▍ Por que procurar ajuda?

O TOC é, na maior parte das vezes, uma condição crônica que causa sofrimento e pode estar associada a prejuízos acadêmicos, sociais, familiares e profissionais. Sem tratamento, é pouco provável que os sintomas desapareçam. Quanto mais tempo se vive com os sintomas na sua forma mais grave, maiores são os prejuízos que se acumulam em decorrência do TOC e mais difícil é recuperar o que foi perdido em termos de relações sociais, familiares e resultados acadêmicos e profissionais. Por isso, conviver com os sintomas sem procurar por alguma ajuda profissional pode intensificar os prejuízos relacionados a esse transtorno.

Além disso, os tratamentos disponíveis para o TOC costumam produzir melhora significativa dos sintomas e do sofrimento relacionado a eles, o que pode evitar maiores prejuízos ou até reduzir perdas que já acompanhavam o TOC. Por isso, na maior parte dos casos, procurar ajuda e receber auxílio médico e/ou psicológico é a melhor opção para evitar prejuízos e reduzir o sofrimento.

Apesar da existência de tratamentos eficazes para o TOC, sabemos que a demora na busca por ajuda especializada é frequente. Para ilustrar essa situação, um estudo do Consórcio Brasileiro de Pesquisa sobre o Transtorno Obsessivo-Compulsivo (C-TOC), iniciativa que reuniu oito centros acadêmicos especializados no TOC localizados em cinco estados brasileiros, mostrou que metade dos mais de 1.000 pacientes avaliados levou pelo menos quatro anos para iniciar o tratamento específico para o TOC. Chama ainda mais a atenção o fato de que um terço da amostra levou mais de 10 anos para receber ajuda especializada. Essa triste realidade precisa ser mudada, por isso, neste capítulo, examinamos os principais fatores associados ao atraso e fornecemos informações sobre como transformá-la.

Estigma – uma importante barreira na busca de tratamento

Muitas pessoas têm preconceitos e ideias equivocadas sobre os transtornos mentais – isso é o que chamamos de estigma. No caso do TOC, é comum que as pessoas acreditem que os sintomas não são facilmente superados por falta de força de vontade ou por uma fraqueza de caráter. Outra concepção que pode estar associada ao TOC é a de que ele seria uma forma de "loucura". A "loucura" não é um termo usado pela psiquiatria, mas, no meio não médico, está associado à ideia de irracionalidade e de perda de capacidade de gerenciar a própria vida. Por isso, o medo de ser classificado como "louco" é comum na população que nunca teve contato com a psiquiatria. Os maiores problemas do estigma são o aumento do medo de ser julgado de forma negativa ao falar de sintomas emocionais e a consequente dificuldade na busca por apoio ou tratamento para esses sintomas.

Para superar o estigma, é importante lembrar que os transtornos mentais são problemas de saúde, e não falhas de caráter. Além disso, ninguém deve se sentir envergonhado por buscar ajuda, pelo contrário, trata-se de um ato de coragem e autocompaixão. Algumas maneiras de superar o estigma incluem ter acesso a informações confiáveis e de boa qualidade, expressar o

> Os maiores problemas do estigma são o aumento do medo de ser julgado de forma negativa ao falar de sintomas emocionais e a consequente dificuldade na busca por apoio ou tratamento para esses sintomas.

sofrimento e as dificuldades relacionadas ao TOC, além de buscar apoio. Este é justamente o principal motivo que nos fez organizar a terceira edição deste livro. Falar de saúde mental com amigos e familiares pode ajudar a normalizar o assunto e reduzir o preconceito – quanto mais falamos a respeito do problema, mais o entendemos e o aceitamos. Por fim, procurar grupos de apoio, tanto presenciais quanto *on-line*, pode proporcionar um espaço seguro para compartilhar experiências e ouvir outras histórias semelhantes.

Desde o início da pandemia da covid-19, temos falado mais sobre saúde mental, o que tem ajudado a reduzir o estigma em torno desse tema. A necessidade de isolamento, o medo da doença e as mudanças abruptas na rotina trouxeram à tona a importância de cuidar dos sintomas emocionais. Muitas pessoas começaram a reconhecer e falar sobre suas próprias lutas, e a sociedade passou a entender melhor que os transtornos mentais são problemas sérios e comuns. No entanto, apesar desse progresso, ainda temos muito trabalho pela frente. Precisamos continuar promovendo a educação sobre saúde mental, garantindo acesso fácil a tratamentos adequados e criando ambientes de apoio onde todos se sintam seguros para buscar ajuda sem medo de julgamento e de discriminação.

Quais características influenciam a busca por tratamento?

A demora na busca por tratamento entre pessoas com TOC pode ser explicada por várias características do transtorno. Primeiro, o TOC costuma começar de forma lenta e gradual, o que pode fazer as pessoas demorarem a perceber que precisam de ajuda. Além disso, muitos sentem vergonha dos seus sintomas e preferem escondê-los, o que atrasa ainda mais a procura por tratamento.

Outro fator é o conteúdo específico das obsessões de alguns indivíduos. Por exemplo, alguém que tenha obsessões muito pessoais ou embaraçosas pode achar difícil falar sobre elas com outras pessoas, inclusive com profissionais de saúde. Pode-se ainda ter um medo excessivo de possíveis efeitos colaterais dos medicamentos ou de ter que se expor às situações temidas durante as sessões de psicoterapia comportamental ou cognitivo-comportamental.

Além disso, algumas formas de TOC são acompanhadas por crítica prejudicada ou pouca percep-

> A demora na busca por tratamento entre pessoas com TOC pode ser explicada por várias características do transtorno. Muitos sentem vergonha dos seus sintomas e preferem escondê-los, o que atrasa ainda mais a procura por tratamento.

ção dos próprios sintomas (ver Capítulo 3). Em outras palavras, a pessoa pode não reconhecer que seus pensamentos e comportamentos são exagerados ou irracionais. Isso dificulta ainda mais a busca por ajuda. Como vimos no Capítulo 4, algumas comorbidades ou transtornos associados também podem dificultar a procura por tratamento (p. ex., transtorno de ansiedade social) ou a adesão aos tratamentos (p. ex., transtornos por uso de substâncias).

> Se você nunca procurou nenhuma ajuda antes, a melhor forma de começar é marcar uma consulta com um profissional de saúde que possa orientá-lo.

Outro aspecto relacionado à demora para buscar tratamento é o acesso às alternativas de tratamento médico e psicológico. Nas últimas décadas, vimos uma expansão dos serviços médicos e psiquiátricos, mas ainda existem regiões que sofrem com a escassez de profissionais de saúde suficientes para a demanda daquela população.

Como e por onde começar?

Se você nunca procurou nenhuma ajuda antes, a melhor forma é marcar uma consulta com um profissional de saúde que possa orientá-lo.

No sistema público, o primeiro atendimento costuma ser feito pelo médico de família da Unidade Básica de Saúde (UBS), ou "posto de saúde", que vai acompanhá-lo ou encaminhá-lo para profissionais da área de saúde mental. Esse atendimento especializado pode ser feito, por exemplo, com psiquiatras nos ambulatórios médicos de especialidades (AMEs) ou ainda em um dos Centros de Atenção Psicossocial (CAPS). O atendimento nesses serviços costuma ser regionalizado, ou seja, ele deve ocorrer no serviço mais próximo ao seu local de residência.

No sistema privado, você pode solicitar o agendamento de uma consulta com algum psiquiatra. Se possível, cheque com amigos e familiares se eles conhecem alguém de confiança ou busque por indicações nas associações de portadores de TOC. A seguir, são disponibilizados os contatos de duas associações de pacientes com TOC ou tiques e familiares que oferecem grupos de apoio na modalidade *on-line* para todo o Brasil e orientações relativas à busca por tratamento.

- Associação Solidária do TOC e Síndrome de Tourette (ASTOC ST). Contato: (11) 98594-2575 ou (11) 98594-2575 ou faleconosco@astocst.com.br. *Site*: https://www.astocst.com.br/.

- Associação de Familiares, Amigos e Pessoas com Transtorno Obsessivo-Compulsivo e Síndrome de Tourette do Rio de Janeiro (RIOSTOC). Contato: contato@riostoc.org.br. *Site*: www.riostoc.org.br.

Como funciona o atendimento no Sistema Único de Saúde?

O Sistema Único de Saúde (SUS) do Brasil é o maior sistema público de saúde do mundo. Criado pela Constituição Federal de 1988, o SUS tem como princípios a universalidade, a integralidade e a equidade, garantindo que todos os cidadãos tenham acesso gratuito a serviços de saúde. O SUS é organizado em três níveis de gestão: federal, estadual e municipal, trabalhando de forma integrada para oferecer serviços de saúde em todo o país.

Dentro do SUS, a Rede de Atenção Psicossocial (RAPS) foi criada para organizar e garantir o cuidado integral às pessoas com transtornos mentais e problemas relacionados ao uso de álcool e outras drogas. A RAPS é composta por diferentes serviços que atuam de forma articulada e incluem a atenção básica, os Centros de Atenção Psicossocial (CAPSs), as Unidades de Acolhimento (UAs), os Serviços Residenciais Terapêuticos (SRTs), os ambulatórios de saúde mental e os hospitais gerais e psiquiátricos.

A atenção básica é a porta de entrada para o sistema de saúde, e inclui as UBSs e a Estratégia Saúde da Família (ESF), nas quais os profissionais de saúde fazem o primeiro atendimento e encaminham para serviços especializados, se necessário.

Os CAPSs são unidades especializadas que oferecem atendimento diário a pessoas com transtornos mentais graves e persistentes. Existem diferentes tipos de CAPS, conforme a complexidade do atendimento (CAPS I, II, III), que atendem pacientes com diferentes níveis de complexidade, os CAPS-Álcool e Drogas (CAPS-AD), especializados em transtornos decorrentes do uso de álcool e outras drogas, e o CAPS Infantil (CAPSi), focado no atendimento de crianças e adolescentes.

As UAs são serviços residenciais temporários para pessoas em situação de crise ou que necessitam de cuidados contínuos, enquanto os SRTs são moradias destinadas a pessoas com transtornos mentais egressas de longas internações psiquiátricas.

Os ambulatórios de saúde mental oferecem atendimento ambulatorial para acompanhamento de casos de menor complexidade ou estabilizados, enquanto os hospitais gerais e psiquiátricos oferecem atendimento de emergência psiquiátrica e internações, se necessário, sempre buscando a reabilitação e a reintegração social.

É necessário que o profissional de saúde seja um especialista no tratamento do TOC?

Profissionais que não são especializados no tratamento do TOC podem conhecer o suficiente para iniciar o tratamento médico ou psicológico. No entanto, quando as tentativas iniciais de tratamento não são o bastante para produzir uma melhora significativa, é possível consultar um especialista que consiga transitar com mais facilidade por tratamentos menos comuns, como as alternativas de neuromodulação ou terapia intensiva. A seguir, são disponibilizados os contatos de centros de pesquisa especializados no tratamento do TOC e quadros relacionados, vinculados a hospitais universitários.

- Programa dos Transtornos do Espectro Obsessivo-Compulsivo do Instituto de Psiquiatria da Faculdade de Medicina da Universidade de São Paulo (ProTOC). Contato: (11) 2661-6972 (WhatsApp) ou protoc.ipq@hc.fm.usp.br.
- Programa de Transtorno de Ansiedade na Infância e Adolescência do Instituto de Psiquiatria do Hospital das Clínicas da Faculdade de Medicina da Universidade de São Paulo (Protaia). Endereço: Rua Dr. Ovídio Pires de Campos, 785 – Cerqueira César, São Paulo/SP. CEP: 05403-903. Contato: (11) 2661-6440 ou (11) 3456-7890 ou protaia.ipq@hc.fm.usp.br. *Site*: https://protaiaipq.wixsite.com/website.
- Programa de Diagnóstico e Intervenções Precoces do Instituto de Psiquiatria do Hospital das Clínicas da Faculdade de Medicina da Universidade de São Paulo (Prodip). Endereço: Rua Dr. Ovídio Pires de Campos, 785 – Cerqueira César, São Paulo/SP. CEP: 05403-903. Contato: prodip.ipq@hc.fm.usp.br.
- Centro de Assistência, Ensino e Pesquisa em Transtornos do Espectro Obsessivo-Compulsivo da Escola Paulista de Medicina em Transtornos do Espectro Obsessivo-Compulsivo (Centoc) – Unifesp. Endereço: Centro de Atenção Integrada à Saúde Mental – Rua Major Maragliano, 241 – Vila Mariana, São Paulo/SP. CEP: 04017-030. Contato: (11) 5549-4374.
- Unidade de Psiquiatria da Infância e Adolescência (UPIA) – Unifesp. Endereço: Centro de Atenção Integrada à Saúde Mental – Rua Major Maragliano, 241 – Vila Mariana, São Paulo/SP. CEP: 04017-030. Contato: (11) 3466-2170.
- Instituto de Psiquiatria da Universidade Federal do Rio de Janeiro (IPUB). Endereço: Avenida Venceslau Brás, 71 – Campus da Praia

Vermelha, Botafogo, Rio de Janeiro. CEP: 22290-140. Contato: (21) 3938-0500 ou ambulatorio@ipub.ufrj.br. *Site*: https://www.ipub.ufrj.br/contato-ipub-ufrj/.
- Serviço de Psiquiatria do Hospital de Clínicas de Porto Alegre. Endereço: Rua Ramiro Barcelos, 2350 – Bairro Santa Cecília, Porto Alegre/RS. CEP: 90035-903. Contato: (51) 3359-8294 ou pstolnik@hcpa.edu.br.
- Serviço de Psicologia do Hospital de Clínicas de Porto Alegre. Endereço: Rua Ramiro Barcelos, 2350 – Bairro Santa Cecília, Porto Alegre. CEP: 90035-903. Contato: (51) 3359-8507 ou sribeiro@hcpa.edu.br.
- Serviço de Psicologia Prof. João Ignácio de Mendonça – IPS/UFBA. Endereço: Rua Caetano Moura, 140 – Federação, Salvador. CEP: 40210-341. Contato: (71) 98726-4024.
- Ambulatório de Transtornos Ansiosos e Obsessivo-Compulsivos (Ataoc) do Hospital das Clínicas da Faculdade de Medicina de Botucatu – Unesp. Endereço: Av. Prof. Mário Rubens G. Montenegro s/n. Distrito de Rubião Jr. Unesp – Campus de Botucatu. CEP: 18.618-687. Contato: (14) 3811-6338.

A família deve ir junto na consulta?

A participação da família no tratamento de portadores de TOC é essencial para o sucesso do tratamento. Muitas vezes, pacientes podem omitir ou minimizar seus sintomas por vergonha, dificultando um diagnóstico preciso e o acompanhamento adequado. O relato da família pode oferecer um retrato mais objetivo e completo da situação, permitindo aos profissionais de saúde um entendimento mais claro do impacto do TOC na vida do paciente. Além disso, a presença de acomodação familiar, na qual os familiares inadvertidamente adotam comportamentos que mantêm ou agravam os sintomas do TOC, destaca a necessidade de orientação específica. Por meio de intervenções familiares, os parentes podem aprender quais atitudes promoverão a melhora e quais podem perpetuar os sintomas (ver Capítulo 8). No caso de crianças e adolescentes com TOC, a participação da família é ainda mais imprescindível, pois os jovens dependem de seus cuidadores para apoio emocional e para a implementação de estratégias terapêuticas no dia a dia (ver Capítulo 6). O envolvimento ativo da família pode, portanto, fazer uma diferença significativa na eficácia do tratamento e na qualidade de vida do paciente.

Como posso saber se a ajuda que eu encontrei está sendo adequada?

Os tratamentos para o TOC estão associados à melhora significativa dos sintomas, com recuperação de aspectos relativos à qualidade de vida e relações familiares, pessoais e profissionais. No entanto, a melhora em geral demora várias semanas para ocorrer, tanto com medicamentos (até 12 semanas) quanto com psicoterapia, e é incomum que o tratamento leve a uma remissão total e sustentada dos sintomas. Portanto, uma melhora parcial na frequência dos pensamentos obsessivos ou "manias" e rituais não quer dizer, necessariamente, que o tratamento não está sendo adequado.

Se você estiver ainda incomodado com a presença de sintomas desconfortáveis mesmo estando em tratamento para o TOC, é importante falar com os profissionais de saúde que o acompanham e avaliar os potenciais ganhos e riscos das diversas alternativas de tratamento.

De que outras formas posso conhecer mais sobre o TOC?

Aprender mais sobre o TOC é essencial para conseguir lidar com ele, seja você um portador de TOC, amigo, parente, profissional de saúde ou um interessado pelo assunto. Existem diversos materiais disponíveis, nos mais diferentes tipos de mídia, desde livros escritos por especialistas até relatos pessoais. Aqui listamos alguns para você complementar o seu aprendizado.

Livros informativos

Escritos por profissionais da área, estes livros elucidam o transtorno, trazendo informações técnicas e conhecimento científico a respeito do TOC.

- *Vencendo o transtorno obsessivo-compulsivo*, de Aristides Volpato Cordioli, Analise de Souza Vivan e Daniela Tusi Braga.
- *TOC: manual de terapia cognitivo-comportamental para o transtorno obsessivo-compulsivo*, de Aristides Volpato Cordioli.
- *Sem medo de ter medo*, de Tito Paes de Barros Neto.
- *Mentes e manias: TOC: transtorno obsessivo-compulsivo*, de Ana Beatriz Barbosa Silva.
- *Princípios e prática em transtornos do espectro obsessivo-compulsivo*, de Irismar Reis de Oliveira, Maria Conceição do Rosário e Eurípedes Constantino Miguel.

- *A vida em outras cores: superando o transtorno obsessivo-compulsivo e a síndrome de Tourette*, organizado por Denis Roberto Zamignani e Maria Cecília Labate.

Outra forma de fornecer informações sobre o TOC, especialmente para crianças, inclui ferramentas mais lúdicas.

- *TOC: aprendendo sobre os pensamentos desagradáveis e os comportamentos repetitivos*, de Juliana Braga Gomes e Cristiane Flôres Bortoncello.
- *O que fazer quando você tem muitas manias: um guia para as crianças superarem o transtorno obsessivo-compulsivo (TOC)*, de Dawn Huebner.
- *Tchau, TOC: 100 perguntas para falar do transtorno obsessivo-compulsivo*, de Regina Lopes e Roberta Nascimento.

Relatos pessoais

Algumas pessoas compartilham seus desafios de lidar com a própria saúde mental para motivar outros a buscarem ajuda e tratamento, como em:

- *O homem que não conseguia parar*, de David Adam.
- *Um TOC de expressão*, de Camilla Gallas.

Ficção

Muitas vezes, as obras fictícias aproximam leitores do transtorno, exibindo aspectos muito pessoais das emoções e dos pensamentos das personagens. Pode ser aconchegante para o paciente, já que lidar com o TOC é complexo e, por vezes, solitário. Além disso, ao gerarem identificação, os livros podem motivar pessoas a buscarem ajuda psicológica.

- *Tartarugas até lá embaixo*: escrito por John Green, autor que convive com o TOC, o livro trata da história de Aza Holmes, uma adolescente que vai em busca de resolver o mistério do sumiço de um bilionário, enquanto lida com o TOC. É uma história envolvente que retrata muito bem as espirais de pensamento que consomem a vida de um portador de TOC.
- *História é tudo o que me deixou*: escrito por Adam Silvera, o livro conta a história do jovem Griffin, que sofre a perda de seu ex-namorado, Theo. Ao tentar escapar do luto, Griffin cai em suas compulsões e escolhas destrutivas.
- *A última palavra*: escrito por Tamara Ireland Stone, o livro conta a vida de Samantha McAllister, uma garota diagnosticada com TOC

que esconde seu transtorno de seus amigos. Ao longo da história, Sam faz novas amizades e encontra um espaço em que pode expressar o que pensa e sente.
- *Uma história de amor e TOC*: nesse livro, a autora Corey Ann Haydu conta a história de Bea, diagnosticada com TOC, que começa a ter sintomas agravados quando o tema é garotos. Ela então se apaixona por Beck, um menino que também tem TOC. A trama se desenrola nas dificuldades do romance entre os dois.

Filmes e séries

A representação de transtornos psicológicos pelo recurso audiovisual é uma ferramenta especialmente importante, já que pode ter um grande alcance nos mais diferentes públicos. Nesse sentido, a representatividade na mídia pode, inclusive, auxiliar a educação e o conhecimento da população geral em relação a temas de saúde mental, passo importante para a redução do estigma. Alguns filmes e séries que abordam o TOC são listados a seguir.

Filmes

- *Oito* (em inglês, *Eight*): vivendo com TOC, uma mulher enfrenta desafios em cumprir sua própria rotina matinal.
- *Tartarugas até lá embaixo*: adaptação cinematográfica do livro de John Green que leva o mesmo nome do filme.
- *Melhor é impossível*: Melvin tem TOC e se vê no dever de cuidar de um cachorro cujo dono, que é vizinho de Melvin, sofre um acidente.
- *A menina no país das maravilhas*: Phoebe quer participar de uma peça teatral da escola, porém seus comportamentos atrapalham sua vida social.
- *O aviador*: baseado na biografia de Howard Hughes, um milionário que tem conquistas na aviação e no cinema enquanto lida com o TOC.
- *Os vigaristas*: Roy, um golpista habilidoso que sofre de TOC e agorafobia, descobre que tem uma filha que vai acompanhá-lo em sua rotina.
- *Toc Toc*: a comédia segue a interação dos pacientes com TOC que aguardam na sala de espera seu psiquiatra, que se atrasou.

Séries

- *Monk*: Adrian Monk é um brilhante ex-detetive da polícia que enfrenta as dificuldades do TOC na vida pessoal e profissional.
- *Pure*: a jovem Marnie tenta viver uma vida normal após se mudar para Londres, enquanto luta com pensamentos intrusivos de conteúdo sexual. Adaptação do livro *Pure*, de Rose Cartwright.

Músicas

A arte é um recurso potente de expressão pessoal. Alguns artistas inspiram-se em suas próprias dificuldades com saúde mental para a criação de músicas. Listamos algumas sugestões de músicas que podem ser relacionadas com o TOC:

- *TOC*, Bia Marques.
- *Serotonin*, Girl in red.
- *Mind Is a Prison*, Alec Benjamin.
- *Obsessions*, Marina and the Diamonds.
- *Leave Me Alone*, NF.
- *Intrusive Thoughts*, Jordana.

A maior parte dessas músicas é em inglês, mas suas traduções podem ser facilmente encontradas na internet.

Redes sociais

As mídias sociais são, hoje, também espaços de expressão e conhecimento. Aqui estão alguns perfis nacionais que falam sobre TOC, sejam eles de organizações propostas a fornecer informações sobre o TOC ou mesmo de pessoas com o transtorno e que trazem depoimentos e desabafos. Há também uma comunidade no WhatsApp, que busca reunir portadores de TOC e seus familiares, pesquisadores e profissionais de saúde mental.

Instagram

- @protochcfmusp
- @somosgentoc
- @astoc_st
- @toc.rio
- @riostoc
- @to.com.toc
- @vivendotoc
- @tocanco_a_vida
- @eunaotenhomanias
- @repetitivamente
- @camillagallas
- @existevida_alemdo_toc

WhatsApp (comunidade)

- TOC no Brasil – link: https://chat.whatsapp.com/BAUDzYta24Z6z5OutB0jvo

Materiais em inglês

Por fim, existe uma infinidade de materiais disponíveis em inglês, que podem complementar o conhecimento a respeito do TOC. A seguir, elencamos apenas algumas das grandes referências.

- **IOCDF – https://iocdf.org/** O site da Fundação Internacional de TOC (em Inglês, International OCD Foundation), conta com diversos recursos de apoio e de educação. Ao longo do ano, a organização realiza diversos eventos, boa parte deles virtuais. Há também a possibilidade de conhecer e se conectar com outros portadores de TOC e profissionais da área.
- **OCD and the Brain – https://ocdandthebrain.com/en** Esse é um projeto interessante, que visa a tornar pesquisas recentes em TOC acessíveis. O *site* conta com um glossário específico e informações científicas de qualidade.
- **Anxiety in the classroom – https://anxietyintheclassroom.org/** Esse *site* versa especialmente sobre ansiedade e TOC no âmbito escolar, trazendo recursos, materiais e informações para estudantes com ansiedade e/ou TOC, professores, coordenadores, pais e responsáveis.
- **The OCD Stories – https://theocdstories.com/** O The OCD Stories é conhecido por ser um *podcast* que busca trazer conscientização sobre o transtorno. Nele, são entrevistadas pessoas relevantes em relação ao tema, desde pacientes até profissionais especialistas da área.
- **Jon Hershfield** Diretor do Centro de Ansiedade e TOC de Sheppard Pratt, Jon Hershfield é autor de vários livros sobre o TOC.

Nota: A manutenção de materiais disponibilizados em *links* externos é de responsabilidade dos detentores de seus direitos autorais.